ABHANDLUNGEN DES DEUTSCHEN PALÄSTINAVEREINS

Herausgegeben von

ARNULF KUSCHKE

HERBERT DONNER — HEINZ CÜPPERS

DIE MOSAIKKARTE VON MADEBA

TEIL I: TAFELBAND

1977

OTTO HARRASSOWITZ · WIESBADEN

Herbert Donner — Heinz Cüppers

DIE MOSAIKKARTE VON MADEBA

TEIL I: TAFELBAND

OTTO HARRASSOWITZ · WIESBADEN

CIP-Kurztitelaufnahme der Deutschen Bibliothek

Donner, Herbert
Die Mosaikkarte von Madeba / Herbert Donner u. Heinz Cüppers. – Wiesbaden : Harrassowitz.
NE: Cüppers, Heinz:
Teil 1. Tafelband. – 1977.
  (Abhandlungen des Deutschen Palästinavereins)
  ISBN 3-447-01866-6

INHALTSVERZEICHNIS

VORWORT

Habent sua fata libelli! Nachdem wir die restaurierte und konservierte Mosaikkarte von Madeba am 15. November 1965 dem Griechisch-Orthodoxen Patriarchen von Jerusalem und ganz Palästina, Benediktos I., offiziell übergeben hatten, reisten wir mit der festen Absicht nach Deutschland zurück, die Veröffentlichung alsbald folgen zu lassen. Ein Vorbericht mit 12 Tafelabbildungen erschien unter dem Titel „ Die Restauration und Konservierung der Mosaikkarte von Madeba" in ZDPV 83 (1967) S. 1–33. In diesem Vorbericht wurde der Publikationsplan folgendermaßen beschrieben: „Eine genaue und sachgemäße Veröffentlichung der Mosaikkarte von Madeba steht noch aus. Sie wird jetzt nach dem Abschluß der Restaurations- und Konservierungsarbeiten in Angriff genommen werden. Die Grundlage bilden Serien schwarz-weißer und farbiger Photographien, die vor Beginn, während und nach Abschluß der Arbeiten aufgenommen worden sind und eine vollständige Dokumentation ermöglichen. Dazu ist ein ausführlicher Kommentar geplant, der zweierlei enthalten soll: einen technischen Teil mit detaillierter Beschreibung des Zustandes des Mosaikwerkes vor der Restauration, die Ergebnisse der Untersuchung des Untergrundes, Beschreibung der Restaurations- und Konservierungsarbeiten und Erwägungen zur Mosaiktechnik; ferner einen historischen Teil mit Erörterung des Charakters, Wertes, Alters und der Quellen der Mosaikkarte und fortlaufende Erklärungen zu den Vignetten und Legenden. Der zweite Teil wird gleichzeitig als Einführung in die frühchristliche Topographie Palästinas benutzt werden können, für die die Fragmente der Madeba-Karte Hauptquellen darstellen". (S. 19).

Bisher ist nichts davon im Druck erschienen. Das hat mancherlei Gründe, deren hauptsächliche uns schon 1966 – trotz aller Hochstimmung angesichts der vollbrachten Arbeit – ahnungsweise vor Augen standen: „Es versteht sich von selbst, daß Vorarbeiten und Ausführung des Publikationsvorhabens längere Zeit in Anspruch nehmen werden, zumal sie an zwei verschiedenen Orten stattfinden: am Rheinischen Landesmuseum zu Trier und in der Biblisch-archäologischen Abteilung der Vereinigten Theologischen Seminare der Georg-August-Universität Göttingen". (S. 19f.) Inzwischen ist der eine der beiden Autoren des Vorberichtes von Göttingen nach Tübingen gezogen. Daß der Gestaltwandel der deutschen Universitäten seit 1968 Lust und Fähigkeit zu kontinuierlicher wissenschaftlicher Arbeit nicht gefördert hat, muß den Kundigen nicht eigens erläutert werden. Die Arbeitsbelastung des anderen Autors – am Trierer Rheinischen Landesmuseum – ist dadurch nicht geringer geworden, daß er den Ort nicht gewechselt hat. Schließlich und vor allem haben wir den Verlust des Restaurators Heinrich Brandt zu beklagen, der am 7. Juni 1969 nach längerer Krankheit verstarb. R.I.P.

Es war von Anfang an geplant, Tafelband und Kommentar zusammen erscheinen zu lassen. Von der Sache her und im Interesse der Benutzer wäre dies sicherlich das beste Verfahren gewesen. Aber gerade die Arbeit am Kommentar verzögerte das Gesamtunternehmen mehr und mehr. Einerseits wuchsen die Vorstudien ins Große, wie angesichts einer „Einführung in die frühchristliche Topographie Palästinas" kaum anders zu erwarten, andererseits gerieten sie in jene personen- und verhältnisbedingten Stagnationen, von denen soeben die Rede war. Mit einem Worte: Wir wissen nicht, zu welchem Zeitpunkt der Kommentar fertiggestellt und druckreif sein wird.

In dieser mißlichen Lage haben wir uns auf Drängen von verschiedenen Seiten entschlossen, den Tafelband vorauszuschicken. Es leuchtet ein, daß die Bilddokumentation der Mosaikkarte mehr als ein Jahrzehnt nach der Restaurierung der Öffentlichkeit zugänglich gemacht werden muß, auch wenn der Kommentar noch auf sich warten läßt. Überdies verbinden wir mit dieser Teilpublikation die Hoffnung auf wissenschaftlichen Gewinn für den Kommentar: Das Interesse an der Mosaikkarte von Madeba kann sich nicht vermindern, sondern muß wachsen, wenn erstmals zuverlässige photographische Wiedergaben des Originals zuhanden sind. Die diesem Tafelbande beigegebene Bibliographie mag die Beschäftigung mit dem Gegenstande befördern und erleichtern.

Der Band enthält keine photographische Gesamtaufnahme der Mosaikkarte von Madeba. Eine solche wäre nur unter großen Schwierigkeiten und sehr unvollkommen herzustellen gewesen: mit mehr als 10 m Distanz schräg von der rückwärtigen Empore der Kirche aus, wobei Teile der Karte hinter einer der Säulen zwischen Mittelschiff und südlichem Seitenschiff verdeckt geblieben wären. Einige Teilansichten von der Empore haben wir abgebildet (Abb. 3, 4, 95); sie dienen zur allgemeinen Orientierung und zur Betrachtung der Lage der Karte auf dem Fußboden der heutigen Kirche. Im übrigen haben wir uns an den Grundsatz gehalten, daß die Karte so vollständig und gründlich wie möglich dokumentiert werden sollte, und zwar in ihrem Zustande vor und nach der Restaurierung. Das hat zur Folge, daß fast alle Teile der Karte mehrfach erscheinen: in schwarzweißer und farbiger Wiedergabe, in Überblicksaufnahmen größerer Segmente, im Detail. Man wird diese Plerophorie gewiß nicht als Nachteil betrachten; sie ermöglicht genaues Studium durch Vergleich. Die Bildunterschriften geben jeweils eine allgemeine geographische Bezeichnung des Kartenausschnitts, einige topographische Stichworte (ohne Anspruch auf Vollständigkeit und nur zur Übersicht) und in eckigen Klammern die Nummern der Tafeln aus P. Palmer und H. Guthe, Die Mosaikkarte von Madeba I (1906). Das Letztere ist deshalb notwendig, weil man sich auch künftig auf die Palmer-Guthe'schen Litographien wird beziehen müssen; sie erscheinen in verkleinertem Maßstabe als Anhang zum Kommentar von M. Avi-Yonah, The Madaba Mosaic Map (1954), und sind seit 1906 die Grundlage aller Beschäftigung mit der Mosaikkarte gewesen. Um Verwirrungen zu vermeiden, sollen die topographischen Nummern der Darstellung von M. Avi-Yonah auch in unserem Kommentar beibehalten werden: ein Grund mehr, auf jene klassischen Zeichnungen zu verweisen, über deren Schönheit und Ungenauigkeit im Vorbericht S. 17ff. das Nötige gesagt ist. Eine Konkordanz zwischen den Tafeln nach Palmer – Guthe und den unsrigen ist am Schluß des Bandes beigegeben.

Die Anordnung der Tafeln folgt, soweit möglich, dem Palmer-Guthe'schen Prinzip: im Wesentlichen also von Norden nach Süden, nach der Position der Karte auf dem Kirchenfußboden von links nach rechts. Überschneidungen waren dabei nicht zu vermeiden; wir bitten sie zu entschuldigen. Freundliche Nachsicht möge der Benutzer auch dann walten lassen, wenn er durch Stativständer und Füße – in einigen Fällen überspritzt – an den Bildrändern irritiert wird. Hätten wir sie weggeschnitten, dann wäre das mit dem Verlust von Bildteilen zu bezahlen gewesen. Den Original-photographien ist eine Abteilung von Tafeln vorausgeschickt, auf denen die meist vor 1906 erschienenen Gesamt- und Teilzeichnungen der Mosaikkarte reproduziert sind. Diese Zeichnungen sind heute nicht immer leicht greifbar. Ihr Abdruck läßt den Zuwachs an Einsicht bei der Arbeit an der Mosaikkarte erkennen; gelegentlich dokumentieren sie auch Verlorenes oder begründen inzwischen geläufig gewordene Irrtümer.

Wir danken dem Herausgeber der Abhandlungen des Deutschen Palästinavereins für die Bereitschaft zur Aufnahme des Tafelbandes in seine Reihe und der Deutschen Forschungsgemeinschaft für einen namhaften Druckkostenzuschuß. Es bleibt uns die Hoffnung, dem Gesamtwerke möge das Schicksal erspart bleiben, das unseren Vorgänger betraf. Seinerzeit annoncierte der Vorstand des Deutschen Palästina-Vereins das Erscheinen des Palmer-Guthe'schen Tafelbandes in MNDPV 1906, S. 16, und fügte hinzu: „Der zweite Teil, der erläuternde Text von Professor Dr. Guthe, wird im Laufe dieses Jahres erscheinen". Wir werden uns bemühen, den Kommentarband in nicht zu ferner Zukunft folgen zu lassen.

Tübingen und Trier, im Mai 1976

HERBERT DONNER
HEINZ CÜPPERS

Am 1. Juli 1977 konnte eine nach den Farbphotographien kolorierte originalgroße Nachbildung der Mosaikkarte von Madeba zu Göttingen im Christlich-archäologischen Institut der Öffentlichkeit übergeben werden. Die Vorbereitungen zur photographischen Reproduktion dieser Nachbildung sind im Gange. Dem zweiten Bande der Veröffentlichung kann demnach eine farbige Gesamtansicht der Karte beigegeben werden.

H. D.

BIBLIOGRAPHIE

Vorbemerkung: Eine Bibliographie zur Mosaikkarte von Madeba wird kaum je ganz vollständig sein können. Spätestens seit 1906, dem Erscheinungsjahr von P. Palmers und H. Guthes großer Tafelpublikation, ist in zahllosen historischen, geographischen, topographischen, archäologischen, kunstgeschichtlichen und theologischen Arbeiten auf die Mosaikkarte Bezug genommen worden. Es ist weder sinnvoll noch überhaupt möglich, das alles bibliographisch zu verwerten. Die hier dargebotene, zur leichteren Benutzung fortlaufend durchnumerierte Bibliographie ist in drei Abschnitte gegliedert: I. Monographische Arbeiten zur Mosaikkarte von Madeba, chronologisch geordnet; II. Einzelstudien zur Mosaikkarte von Madeba bis 1906, ebenfalls chronologisch geordnet und nach Möglichkeit vollständig; III. Arbeiten seit 1907, alphabetisch nach Verfassernamen geordnet. Im dritten Abschnitt sind auch Publikationen aufgeführt, die – gelegentlich ohne direkten Bezug zur Mosaikkarte – die Geschichte, Archäologie und Topographie der städtischen Zentren Palästinas behandeln, soweit sie in Gestalt von Stadtvignetten auf der Madebakarte vorkommen. Rezensionen sind in der Regel nicht eingeordnet, sondern zu den jeweiligen Nummern gestellt, es sei denn, sie gehen über eine einfache Anzeige oder Besprechung hinaus und haben den Wert eines selbständigen Artikels. Im letzteren Falle können sie auch zweimal erscheinen.

1. K. M. Κοικυλίδης, Ὁ ἐν Μαδηβᾷ μωσαϊκὸς καὶ γεωγραφικὸς περὶ Συρίας, Παλαιστίνης καὶ Αἰγύπτου χάρτης. Ἐν Ἱεροσολύμοις, ἐκ τοῦ τυπογραφείου τῶν Φραγκισκανῶν (1897).
    Rez.: L. Fonck, Stimmen aus Maria-Laach 53 (1897) 390—399. — R. Kraetzschmar, MNDPV 1897, 49—56. — Independent, New York, Nr. 49 (1897) 1306 f. 1656. — Beilage zur Allgemeinen Zeitung 1897/222, 7 f.; 227, 8. — K. Krumbacher, Byzantinische Zeitschrift 6 (1897), 636; 7 (1898), 245.292. — Revue archéologique 30 (1897), 273; 31 (1897), T. 14. — K. Miller, Mappae Mundi VI (1898), 148—154.
2. J. Germer-Durand, La carte mosaïque de Madaba (Paris 1897).
    Rez.: A. Roussel, Bulletin critique 18 (1897), 571 f. — V. S., Literarisches Centralblatt 1897, 1269.
3. W. Kubitschek, Die Mosaikkarte Palästinas. Mitteilungen der Geographischen Gesellschaft Wien 43 (1900), 335—380.
4. A. Schulten, Die Mosaikkarte von Madaba und ihr Verhältnis zu den ältesten Karten und Beschreibungen des heiligen Landes. Abhandl. d. Königl. Gesellschaft d. Wiss. zu Göttingen, Philol.-hist. Kl. N. F. 4, Nr. 2 (Berlin 1900).

Rez.: I. Benzinger, Literarisches Centralblatt 1902, 472. — Kirchhoff, Petermanns Mitteilungen 47 (1901), 34 f. — S. Vailhé, Byzantinische Zeitschrift 10 (1901), 646 bis 651. — M. Hartmann, Deutsche Literaturzeitung 1901, 354—356. — RB 10 (1901), 152 f. — E. J. Goodspeed, The American Journal of Theology 6 (1902), 151 f.

5. A. Jacoby, Das geographische Mosaik von Madaba. Die älteste Karte des hl. Landes. Ein Beitrag zu ihrer Erklärung. Studien über christliche Denkmäler 3 (Leipzig 1905). Rez.: A. Schulten, Literarisches Centralblatt 1906, 613 f. — S. Oettli, Theol. Literaturbericht 29 (1906), 120. — RB NS 3 (1906), 659 f. — M. J. de Goeje, Deutsche Literaturzeitung 27 (1906), 1202. — E. Schürer, ThLZ (1906), 129—131. — Ch. Clermont-Ganneau, Revue critique 62 (1906), 423—425. — J. Boehmer, Die Studierstube 7 (1909) 105.

6. P. Palmer — H. Guthe, Die Mosaikkarte von Madeba. I. Tafeln (Leipzig 1906).

7. H. Leclercq, Madaba. Dictionnaire d'archéologie chrétienne et de liturgie (ed. F. Cabrol et H. Leclercq) Bd. 10 (1931), 806—885.

8. R. T. O'Callaghan, Madaba (Carte de). Dictionnaire de la Bible (ed. L. Pirot et A. Robert), Suppl. V, fasc. 26 (1953), 627—704.

9. M. Avi-Yonah, The Madaba Mosaic Map. With Introduction and Commentary (Jerusalem 1954). Rez.: I. Schattner, IEJ 5 (1955), 132 f. — K. Katz, AJA 60 (1956), 192 f. — J. Simons, BiOr 13 (1956), 47 f. — A. Rowe, JSS 1 (1956), 190. — H. E. Del Medico, Byzantinoslavica 16 (1956), 132—137. — M. Du Buit, RB NS 63 (1956), 477 ff.

II.

10. P.-M. Séjourné, Médeba, coup d'œil historique, topographique et archéologique. RB 1 (1892), 617—644.

11. P.-M. Séjourné, Voyages au delà du Jourdain. Excursions aux environs de Jérusalem. RB 2 (1893), 119—145.

12. J. Germer-Durand, Inscriptions romaines et byzantines de Palestine. RB 4 (1895), bes. 588 (= Fragment B und verlorenes Sarepta-Fragment).

13. Γ. Λ. Ἀρβανιτάκης, Ὁ ἐν Μαδηβᾷ μωσαϊκὸς χάρτης. Νεολόγος 1897, Nr. 8347 f.

14. P. Berger, L'église du Saint-Sépulcre sur la mosaïque géographique de Mâdaba. CRAI 1897, 457—466.

15. Bulletin mensuel de l'Académie des Inscriptions (12. 3.—14. 4. 1897); in: Revue archéologique III, 30 (1897), 407—412. Desgl., Revue archéologique III, 31 (1897), 409.

16. J. M. C., La carta de Madaba. Bol. Soc. arqueol. Luliana 1897.

17. Ch. Clermont-Ganneau, La carte de la Palestine d'après la mosaïque de Mâdaba. Recueil d'archéologie orientale 2 (1897, erschienen 1898), 161—175.

18. Ch. Clermont-Ganneau, The Mâdeba Mosaic. PEF QSt 1897, 213—225; vgl. auch S. 167.239 (= Übersetzung aus Nr. 17).

19. L. Fonck, Stimmen aus Maria-Laach 53 (1897), 390—399.

20. H. Grisar, La pianta di Gerusalemme in un musaico palestinense del secolo VI. Civiltà cattolica 1897, III, 723—729. Vgl. dazu auch H. Grisar, Antiche Basiliche di Roma imitanti i santuarii di Gerusalemme e Betlemme. Analecta Romana 1 (1899), 555 ff.

21. Héron de Villefosse und Ch. Clermont-Ganneau, La mosaïque géographique découverte au delà du Jourdain à Madeba. CRAI 1897, 140—145. 163 f. Vgl. auch ebenda S. 158. 188 f.

22. R. Kraetzschmar, Die neugefundene Mosaikkarte von Madeba nach dem Originalberichte des Entdeckers. MNDPV 1897, 49—56.

23. M.-J. Lagrange, La mosaïque géographique de Mâdaba. RB 6 (1897), 165—184. Vgl. auch Crai 1897, 490—492; Revue de l'Orient latin 4 (1897), 649.

24. M.-J. Lagrange, Jérusalem d'après la mosaïque de Madaba. RB 6 (1897), 450—458.

25. O. Marucchi, Nuove scoperte a Madaba (Palestina). NBAC 3 (1897), 147—149.

26. E. Michon, La mosaïque et les églises de Mâdaba. Bulletin de la Société Nationale des Antiquaires de France, Sér. 6, Tome 6 (1897), 318—325.

27. Новоокрытая географическая карта Палестины. Известия русского археологического института в Константинополе 2 (1897) Хроника 4—8

28. P. Palmer, Die Mosaikkarte in Mādabā. ZDPV 20 (1897), 64 und MNDPV 1897, 30.

29. V. Prinzivalli, I luoghi santi della Palestina. Musaico del IV o V secolo scoperto a Madebà. Bollettino della Società Geografica Italiana 10 (1897), 456—458.

30. E. Stevenson, Di un insigne pavimento in musaico esprimente la geografia dei luoghi santi scoperto in una basilica cristiana di Madaba nella Palestina. NBAC 3 (1897), 45—102. Vgl. C. W[eyman], Byzantinische Zeitschrift 7 (1898), 245.

31. E. Stevenson, Nuove scoperte a Madaba nella Palestina. NBAC 3 (1897), 325.

32. K. Miller, Mappae mundi VI (1898), 148—154.

33. C. Mommert, Ein Ausflug nach Madeba. MNDPV 1898, 5—13.

34. C. Mommert, Die Grabeskirche in Jerusalem auf der Mosaikkarte in Madeba. MNDPV 1898, 21—30. Vgl. PEF QSt 1898, 177—183 und Ch. Clermont-Ganneau, Revue archéologique 32 (1898), 446—448 (PEF QSt 1898, 251).

35. C. Schick, The Madeba Mosaic. PEF QSt 1898, 85.

36. Γ. Λ. Ἀρβανιτάκης, Ὁ ἐν Μαδηβᾷ μωσαϊκὸς χάρτης τῶν ἁγίων γραφῶν. In: Δ. Γ. Τάκος, Ἡμερολόγιον τῶν Ἱεροσολύμων etc. (Athen 1899), 253—298.

37. G. Manfredi, Piano generale della antichità di Madeba. NBAC 5 (1899), 149—170.

38. O. Marucchi, La pianta di Gerusalemme nel musaico di Madaba. NBAC 5 (1899), 43—50. Vgl. M.-J. Lagrange, RB 9 (1900), 324 f.

39. A. Schulten, Die Mosaikkarte von Madaba. Beilage zur Allgemeinen Zeitung 1899, Nr. 36, 1—5.

40. W. Bacher, Zur Mosaikkarte von Madaba. The Jewish Quarterly Review 13 (1901), 322 f.

41. C. R. Beazley, Madaba Map. Geographical Journal 17 (1901), 516—520.

42. A. Büchler, Une localité énigmatique mentionnée sur la mosaïque de Madaba. Revue des Études Juives 42 (1901), 125—128.

43. Ch. Clermont-Ganneau, Betomarsea — Maioumas et les fêtes orgiaques de Baal-Peor. Recueil d'archéologie orientale 4 (1901), 339—345.

44. Ch. Clermont-Ganneau, La carte de la Terre Promise d'après la mosaïque de Mâdabâ. Recueil d'archéologie orientale 4 (1901), 272—283.

45. Ch. Clermont-Ganneau, The Land of Promise, mapped in Mosaic at Mâdeba. PEF QSt 1901, 235—246 (Übersetzung aus Nr. 44).

46. Ch. Clermont-Ganneau, Betomarsea — Maioumas, and „the matter of Peor". PEF QSt 1901, 369—374 (Übersetzung aus Nr. 43).

47. Ch. Clermont-Ganneau, CRAI 1901, 553.

48. J. Offord, Arza and Aziza and Other Archaeological Notices. PSBA 33 (1901), 244—247.

49. (O. Marucchi — E. Zaccaria), Scoperta di antichi musaici cristiani in Madaba. NBAC 8 (1902), 134 f.

50. P. Palmer, Die Aufnahme der Mosaikkarte von Madeba. MNDPV 1902, 36—40.

51. (O. Marucchi — E. Zaccaria), Palestina — Scoperta di un antico pavimento a musaico in Madaba. NBAC 9 (1903), 287 f.

52. J. Manfredi, Callirrhoé et Baarou dans la mosaïque géographique de Madaba. RB 12 (1903), 266—271.

53. H. Chabeuf, Autour de Jérusalem antique. Revue de l'art chrétien 15 (1904), 156 f.

54. M. Μεταξάκις, Ἡ Μαδηβά. Νέα Σιών 1 (1904), 49–57. 540–68; 2 (1905), 436f. 449–74; 3 (1906), 139–57; 5 (1907), 262–304. 472–507.

55. H. Guthe, Das Stadtbild Jerusalems auf der Mosaikkarte von Madeba. ZDPV 28 (1905), 120—130.
Rez.: E. Oppermann, Geographischer Anzeiger 8 (1907), 133 f.

56. J. Cropper, Madeba, M'kaur, and Callirrhoë. PEF QSt 1906, 292—298.

57. MNDPV 1906, 16 (= Anzeige von Palmer — Guthe's Tafelpublikation durch den Vorstand des Deutschen Palästinavereins).

III.

58. F.-M. Abel, Τὸ ἔννατον. Oriens Christianus 1 (1911), 77—82.

59. F.-M. Abel, Le Sud Palestinien d'après la carte mosaïque de Madaba. JPOS 4 (1924), 107—117.

60. F.-M. Abel, Naplouse. Essai de topographie. RB 32 (1923), 120—132.

61. F.-M. Abel, Exploration du Sud-Est de la vallée du Jourdain. RB 40 (1931), 214 bis 226. 375—400; 41 (1932), 77—88. 237—257.

62. F.-M. Abel, „Galgala qui est aussi le Dodécalithon". Mémorial J. Chaine (1951), 29—34.

63. Y. Aharoni, The Roman Road to Aila (Elath). IEJ 4 (1954), 9—16.

64. A. Alt, Beiträge zur historischen Geographie und Topographie des Negeb. 1. Das Bistum Orda [1931]. Kl. Schriften 3 (1959), 382—396; 2. Das Land Gari [1932]. Ebenda 396—409.

65. M. Avi-Yonah, Map of Roman Palestine. QDAP 5 (1935/6), 139—193.

66. B. Bagatti, Gli antichi edifici sacri di Betlemme. Studium biblicum Franciscanum 9 (1952).

67. A. Baumstark, Die modestianischen und konstantinischen Bauten am Heiligen Grabe zu Jerusalem. Studien z. Geschichte und Kultur des christlichen Altertums 7, Heft 3/4 (1915), 88—92.

68. G. Beyer, Das Stadtgebiet von Eleutheropolis im 4. Jahrh. n. Chr. und seine Grenznachbarn. ZDPV 54 (1931), 209—271.

69. G. Beyer, Die Stadtgebiete von Diospolis und Nikopolis im 4. Jahrh. n. Chr. und ihre Grenznachbarn. ZDPV 56 (1933), 218—253.

70. J. M. Casanowicz, A Colored Drawing of the Medeba Mosaic Map of Palestine in the United States National Museum. Proceedings of the United States Nat. Mus. 49 (1916), 359—376.

71. J. M. Casanowicz, The Collections of Old World Archaeology in the United States National Museum. Annual Report of the Board of Regents of the Smithsonian Institution, showing the operations, expenditures, and condition of the institution for the year ending June 30 1922 (1924), 415—498.

72. H. de Cotenson, In the Footsteps of St. John the Baptist. Ant. Surv. 1 (1955), 37—56.

73. H. Cüppers, Über die Mosaikkarte von Madeba. Archäol. Anzeiger 83 (1968), 739 bis 747.

74. G. Dalman, Orte und Wege Jesu. Beiträge z. Förderung christl. Theologie 2,1 (1924³); Nachdruck 1967.

75. G. Dalman, Jerusalem und sein Gelände. Schriften des Deutschen Palästina-Instituts 4 (1930).

76. H. Donner, Kallirrhoë. Das Sanatorium Herodes' des Großen. ZDPV 79 (1963), 59—89, bes. 61 f. Vgl. dazu H. Schult, Zwei Häfen aus römischer Zeit am Toten Meer ruǧm el-baḥr und el-beled (ez-zāra). ZDPV 82 (1966), 139—148; A. Strobel, Zur Ortslage von Kallirrhoë. ZDPV 82 (1966), 149—162.

77. H. Donner, Das Deutsche Evangelische Institut für Altertumswissenschaft des Heiligen Landes. Lehrkursus 1963. ZDPV 81 (1965), 3—55; dort bes. Anhang II: Beobachtungen an der Mosaikkarte von Madeba, S. 43—46, und Anhang IV: Erwägungen zur Lage des byzantinischen Prätoriums, S. 49—55.

78. H. Donner und H. Cüppers, Die Restauration und Konservierung der Mosaikkarte von Madeba. Vorbericht. ZDPV 83 (1967), 1—33. Taf. 1—12.

79. K. Elliger, Beeroth und Gibeon. ZDPV 73 (1957), 125—132.

80. K. Elliger, Noch einmal Beeroth. Mélanges A. Robert (1957), 82—94.

81. J. Elster (Hrsg.) u. a., Atlas of Israel (1970), I, 1.

82. H. Fischer, Geschichte der Kartographie von Palästina. ZDPV 62 (1939), 169—189; 63 (1940), 1—111.

83. M. Gisler, Jerusalem auf der Mosaikkarte von Madaba. Das Heilige Land 56 (1912), 214—227. Vgl. A. Dunkel, Theologie und Glaube 5 (1913), 189—193.

84. V. R. Gold, The Mosaic Map of Madeba. BA 21 (1958), 50—71.

85. H. Gressmann, Rhinokorura. ZDPV 47 (1924), 244 f.

86. A. Heisenberg, Grabeskirche und Apostelkirche, zwei Basiliken Konstantins. Untersuchungen zur Kunst und Literatur des ausgehenden Altertums, 2 Bde. (1908), Bd. 1, 138—150.

87. I. W. J. Hopkins, Maps and Plans of Bible Lands. Evangelical Quarterly 40 (1968), 28—33.

88. C. M. Kaufmann, Handbuch der altchristlichen Epigraphik (1917), 427—444.

89. Lantern Slides: Palestine and Syria, 100 Views. Darin: The Mosaic Map of Palestine and Northern Egypt at Madeba. [By W. Libbey] Washington o. J. (ca. 1905—1909).

90. H. Leclercq, Mosaïque. Dictionnaire d'archéologie chrétienne et de liturgie (ed. F. Cabrol et H. Leclercq) Bd. 12 (1935), 57—332; ders., Madaba. Bd. 10 (1931), 806—885.

91. Madabamosaiken, den äldsta kända karta öfver Palestina. Svenska Jerusalems Föreningens Tidskrift 17 (1918), 16—21.

92. A. E. Mader, Altchristliche Basiliken und Lokaltraditionen in Südjudäa. Archäologische und topographische Untersuchungen. Studien zur Geschichte und Kultur des Altertums 8, 5/6 (1918).

93. A. E. Mader, Byzantinische Basilikareste auf dem Tempelplatz in Jerusalem. ZDPV 53 (1930), 212—222, bes. 219—222 (4. Die byzantinische Basilika des Tempelplatzes auf der Madabakarte).

94. A. E. Mader, Mambre. Die Ergebnisse der Ausgrabungen am heiligen Bezirk râmet el-chalîl in Südpalästina 1926—1928 (1957), bes. 298—307. Vgl. ders., RB 39 (1930), 84—117. 199—225.

95. J. T. Milik, A propos de la Galgala byzantine, in: Notes d'épigraphie et de topographie Palestiniennes. RB 66 (1959), 550—575.

96. C. Mommert, Der Teich Bethesda und das Jerusalem des Pilgers von Bordeaux. Nebst Anhang: Die Grabeskirche zu Jerusalem auf der Mosaikkarte zu Madeba (1907).

97. H. H. Nelson, The Mosaic Map at Medaba. The Biblical World 29 (1907), 370—375.

98. E. Oberhummer, Der Stadtplan, seine Entwickelung und seine geographische Bedeutung (1907).
Rez.: O. Schlüter, Geogr. Zeitschrift 15 (1909), 483 f. — P. Thomsen, ZDPV 32 (1909), 182.

99. R. T. O'Callaghan, Is Beeroth on the Madeba Map? Biblica 32 (1951), 57—64.

100. A. Romeo, Mádaba, Mapa de, in: Enciclopedia de la Biblia IV (1969²), 1152—1159.

101. I. Schattner, The Map of Palestine and its History (hebr.) (1951), bes. 18 f.

102. I. Schattner, Maps of Erez Israel. Encyclopaedia Judaica 11 (1971), 918—932.

103. T. Θεμέλης, Οἱ μεταξὺ τοῦ Πραιτωρίου καὶ τοῦ Γολγοθᾶ ἅγιοι τόποι. Νέα Σιών 8 (1909) 303—321.

104. T. Θεμέλης, Τὸ Πραιτώριον. Νέα Σιών 8 (1909), 113–143.

105. P. Thomsen, Jerusalem nach der Mosaikkarte von Madaba. Jerusalemer Warte 68 (1912), 107 f.

106. P. Thomsen, Das Stadtbild Jerusalems auf der Mosaikkarte von Madeba. ZDPV 52 (1929), 149—174. 192—219.
Rez.: H. L., Jérusalem 24 (1929), Nr. 149 II. — R. Dussaud, Syria 10 (1929), 179. — A. Barrois, RB 39 (1930), 158.

107. P. Thomsen, Der Künstler der Mosaikkarte von Mâdaba. Byzantinische Zeitschrift 30 (1929/30), 597—601. Vgl. RB 39 (1930), 476.

108. H. G. Thümmel, Zur Deutung der Mosaikkarte von Madeba. ZDPV 89 (1973), 66—79.

109. Z. Vilnay, The Holy Land in Old Prints and Maps (1963),

110. H. Vincent, Quelques représentations antiques du Saint-Sépulcre constantinien. RB 10 (1913), 525—546; 11 (1914), 94—109.
Rez.: A. Heisenberg, Byzantinische Zeitschrift 23 (1914), 339.

111. H. Vincent, La ville de Sarepta ou Longueville. RB 29 (1920), 157—159.

112. H. Vincent — F.-M. Abel, Jérusalem II: Jérusalem nouvelle (1914—1926); im Tafelband Pl. XXX—XXXII.

113. L. H. Vincent — F.-M. Abel, Bethléem (1914).

114. L. H. Vincent — F.-M. Abel, Emmaus. Sa basilique et son histoire (1932).

115. C. M. Watson, The Traditional Sites on Sion. PEF QSt 1910, 196—220.

116. W. Wolkenhauer, Aus der Geschichte der Kartographie. Deutsche geographische Blätter 34 (1911), 120—129; 35 (1912), 29—47.

A. Die Mosaikkarte
in älteren Zeichnungen und Photographien

Abb. 1: Die erste Gesamtzeichnung der Mosaikkarte von P. Kleophas Koikylides 1897 (Bibliographie Nr. 1).

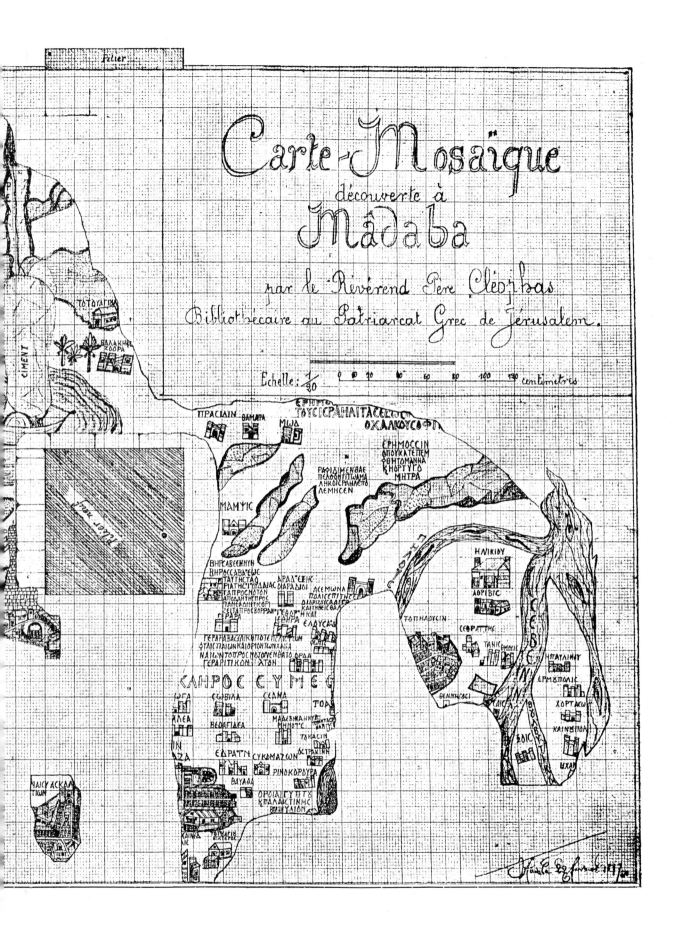

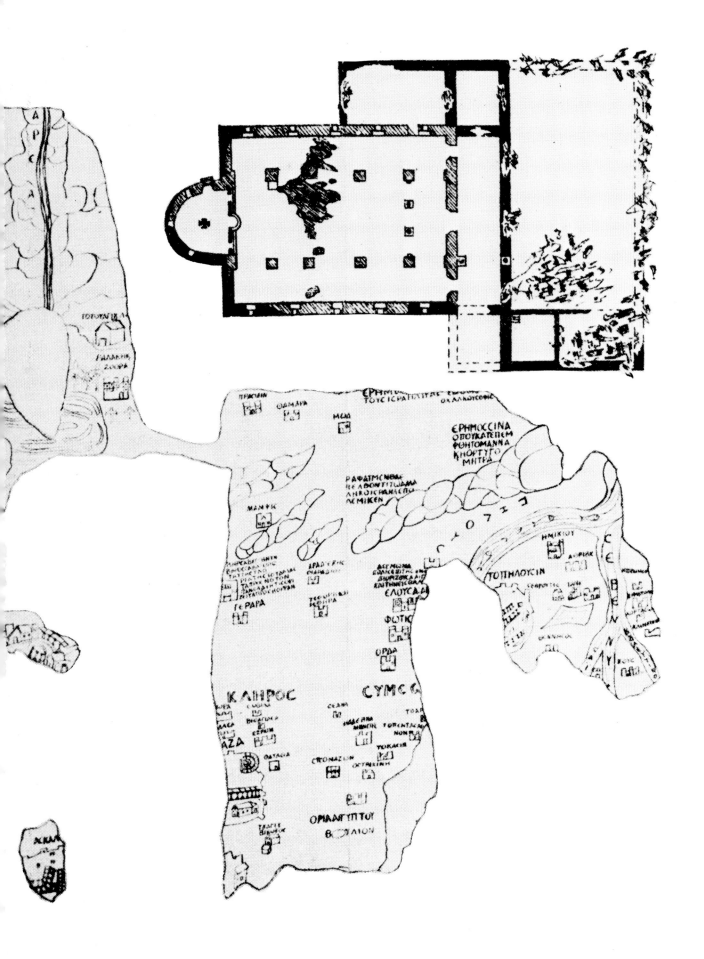

Abb. II: Gesamtzeichnung von E. Stevenson 1897 (Bibliographie Nr. 30).

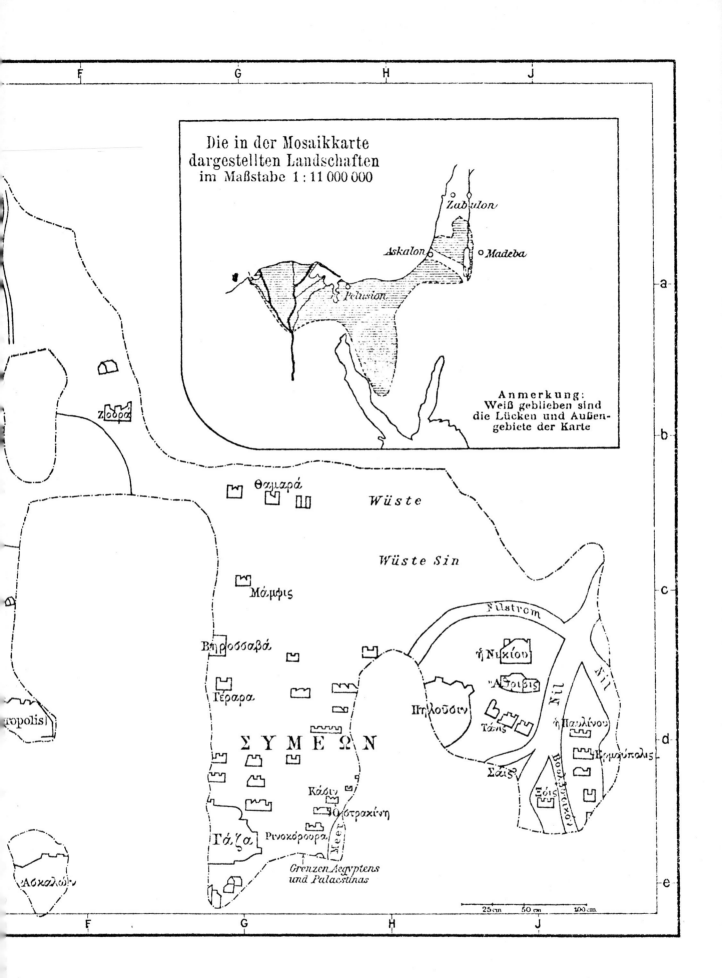

Die in der Mosaikkarte
dargestellten Landschaften
im Maßstabe 1 : 11 000 000

Anmerkung:
Weiß geblieben sind
die Lücken und Außen-
gebiete der Karte

Zabulon

Askalon   o *Madeba*

Pelusion

Z̓οόρα

Θαμαρά

Wüste

Wüste Sin

Μάμφις

Nilstrom

Βηρσσαβά

ἡ Νικίου

Γέραρα

Ἄφοιβις

Πηλούσιν

Σάϊς

ΣΥΜΕΩΝ

ἡ Παυλίνου

Ἑρμούπολις

Ξόϊς

Κάσιν

Ῥσοτραχίνη

Γάζα

Ῥινοκόρουρα

*Grenzen Aegyptens
und Palaestinas*

Ἀσκαλών

25 cm   50 cm   100 cm

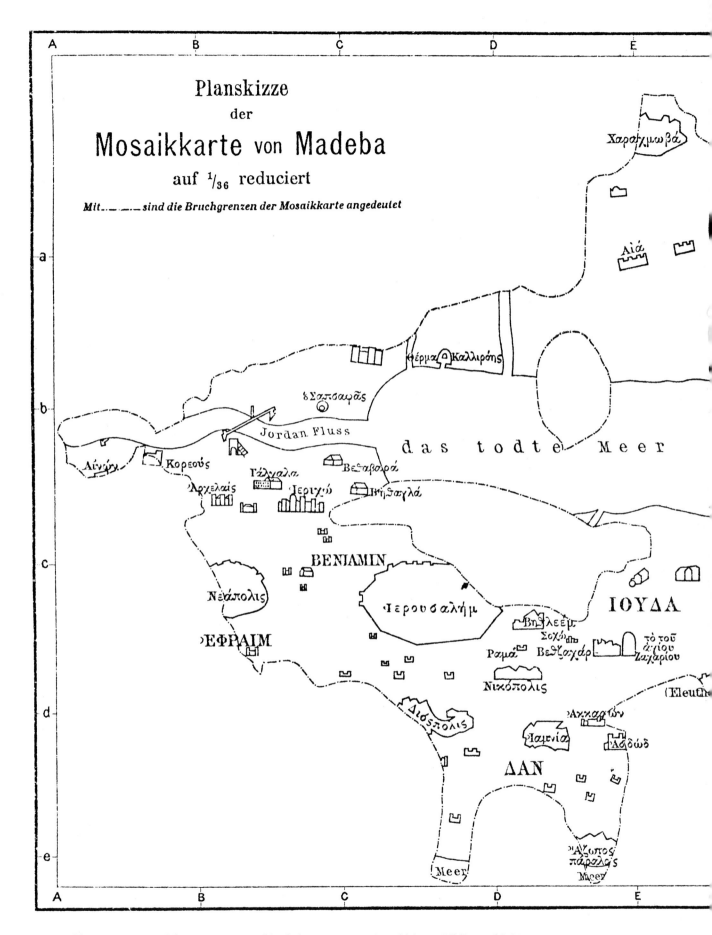

Abb. III: Gesamtzeichnung von W. Kubitschek 1897 (um 12 % verkleinert; Bibliographie Nr. 3).

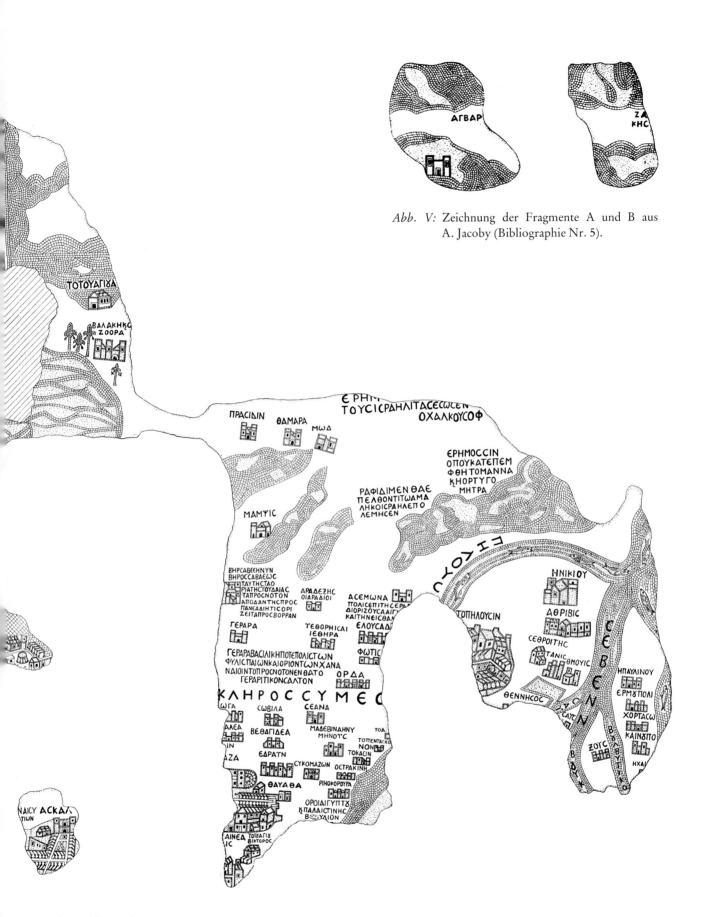

ΑΓΒΑΡ

ΖΑ
ΚΗC

Abb. V: Zeichnung der Fragmente A und B aus
A. Jacoby (Bibliographie Nr. 5).

ΤΟΤΟΥΑΓΙΑ

ΒΑΛΑΚΗ(Ω)C
ΖΟΟΡΑ

ΠΡΑCΙΔΙΝ   ΘΑΜΑΡΑ   ΜΩΔ

Ε ΡΗΜ
ΤΟΥCΙCΡΔΗΛΙΤΑCΕC(Ω)CΕΝ
ΟΧΑΛΚΟΥCΟΦ

ΕΡΗΜΟCCΙΝ
ΟΠΟΥΚΑΤΕΠΕΜ
ΦΘΗΤΟΜΑΝΝΑ
Ҟ̇ΝΟΡΤΥΓΟ
ΜΗΤΡΑ

ΡΑΦΙΔΙΜΕΝΘΑΕ
ΠΕΛΘΟΝΤΙΤ(Ω)ΑΜΑ
ΛΗΚΟΙCΡΑΗΛΕΠΟ
ΛΕΜΗCΕΝ

ΜΑΜΥΙC

ΒΗΡCΑΒΕΕΗΝΥΝ
ΒΗΡΟCCΑΒΑΕ(Ω)C
ΤΑΥΤΗCΤΑΟ
ΡΙΑΤΗCΤΟΥΔΑΙΑC
ΤΑΠΡΟCΝΟΤΟΝ
ΑΠΟΔΑΝΤΗCΠΡΟC
ΠΑΝΕΑΔΗΤΙCΟΡΙ
ΖΕΙΤΑΠΡΟCΒΟΡΡΑΝ

ΑΡΑΔΕΖΗC
ΟΙΑΡΑΔΙΟΙ

ΑCΕΜ(Ω)ΝΑ
ΠΟΛΙCΕΠΙΤΗCΕΡΑ
ΔΙΟΡΙΖΟΥCΑΔΙΓ
ΚΑΙΤΗΝΕΙCΔ(Μ)

CΥΟΥΔΩ

ΗΝΙΚΙΟΥ

ΑΘΡΙΒΙC

CΕΘΡΟΙΤΗC

ΤΑΝΙCΘΜΟΥΙC

C
Ε
Β
Ε
Ν

ΗΠΑΥΛΙΝΟΥ

ΕΡΜΟΥΠΟΛΙ

ΧΟΡΤΑC(Ω)

ΓΕΡΑΡΑ

ΤΕΘΟΡΗCΑΙ
ΙΕΘΗΡΑ

ΕΛΟΥCΑΔ

Φ(Ω)ΤΙC

ΤΟΠΗΛΟΥCΙΝ

ΓΕΡΑΡΑΒΑCΙΛΙΚΗΠΟΤΕΠΟΛΙCΤ(Ω)Ν
ΦΥΛΙCΤΙΑΙ(Ω)ΝΚΑΙΟΡΙΟΝΤ(Ω)ΝΧΑΝΑ
ΝΔΙΟΙΝΤΟΠΡΟCΝΟΤΟΝΕΝΘΑΤΟ
ΓΕΡΑΡΙΤΙΚΟΝCΑΛΤΟΝ

ΟΡΔΑ

ΘΕΝΝΗCΟC

ΚΑΙΝΟΠΟ

ΚΛΗΡΟCCΥΜΕ(Ω)

(Ω)ΓΑ

C(Ω)ΒΙΛΑ

ΑΛΕΑ

ΒΕΘΑΓΙΔΕΑ

ΙΝ

ΕΔΡΑΤΝ

ΑΖΑ

CΕΑΝΑ

ΜΑΔΕΒΙΝΔΗΝΥ
ΜΗΝΟΤΟ̈C

CΥΚΟΜΑΖ(Ω)Ν

ΡΙΝΟΚΟΡΟΥΡΑ

ΤΟΔ

ΤΟΠΤΕΝΤΑCΧΟ
ΝΟΝ
ΤΟΚΑCΙΝ

ΟCΤΡΑΚΙΝΗ

ΖΟΓC

ΒΑΧΒΥΤΙC

ΗΧΑ

ΝΑΙCΥ ΑCΚΑΛ
ΤΙ(Ω)Ν

ΘΑΥΑΘΑ

ΟΡΟΙΑΙΓΥΠΤ
ϘΠΑΛΑΙCΤΙΝΗC
Β(Ω)ΥΔΙΟΝ

ΑΙΝΕΑ

ΙC

ΤΟΤΟΑΓΙ
ΒΙΚΤΟΡΟC

Abb. IV: Gesamtzeichnung von Leutnant Brix nach den Lichtdrucken von J. Germer-Durand (Bibliographie Nr. 2; s. *Abb. XVI: a–i*)

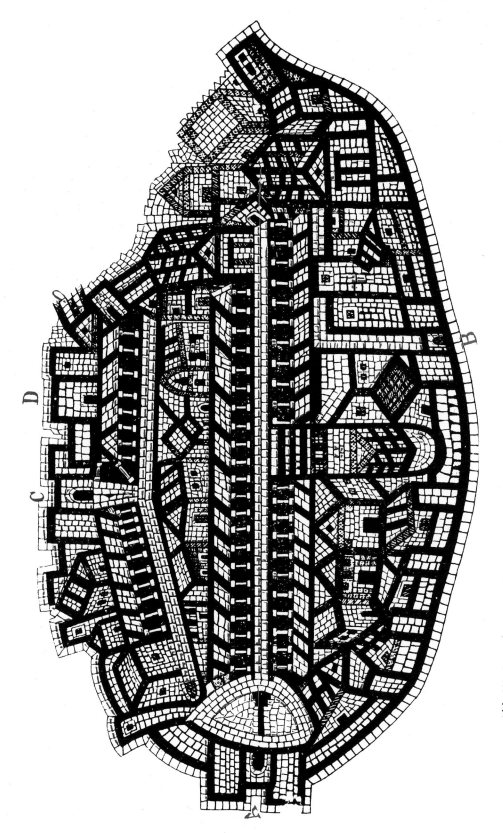

Abb. VI: Jerusalem. Erste Farbzeichnung von M.-J. Lagrange 1897 (um 55,5 % vergrößert; Bibliographie Nr. 23 f).

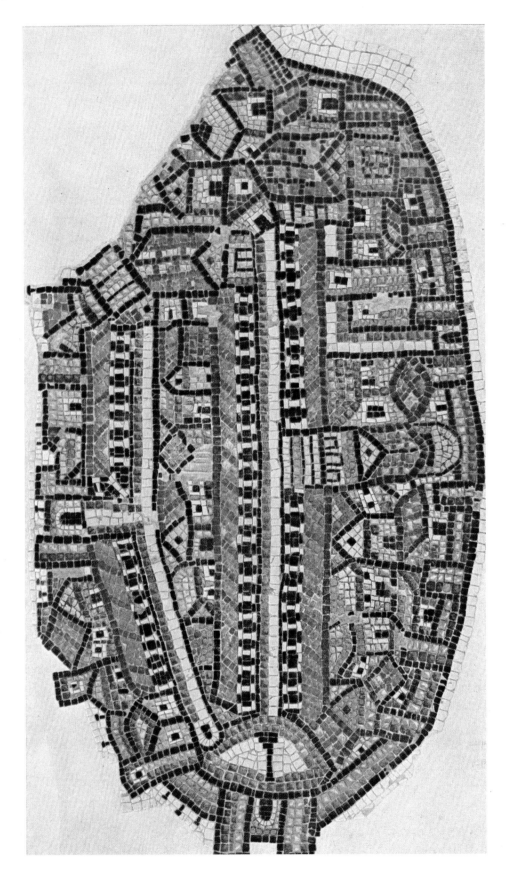

Abb. VII: Jerusalem. Farbzeichnung von P. M. Gisler 1912 (Bibliographie Nr. 83).

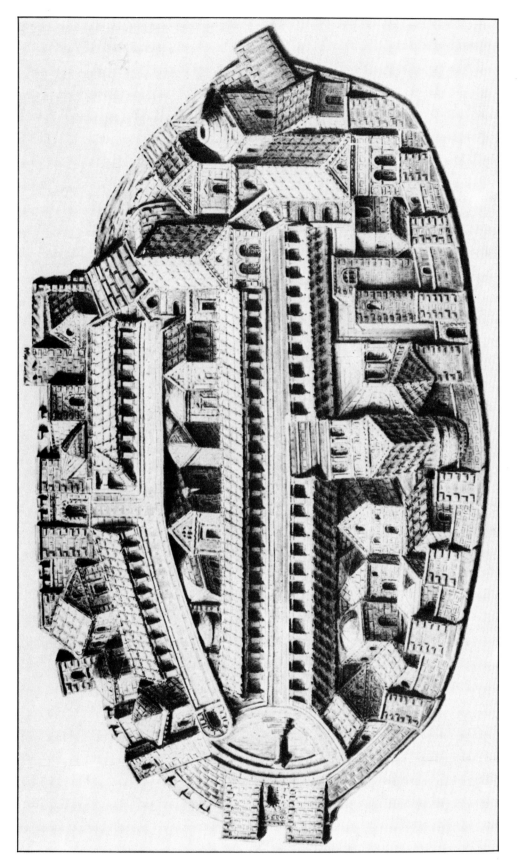

Abb. VIII: Jerusalem. Reliefzeichnung von P. M. Gisler (Bibliographie Nr. 83).

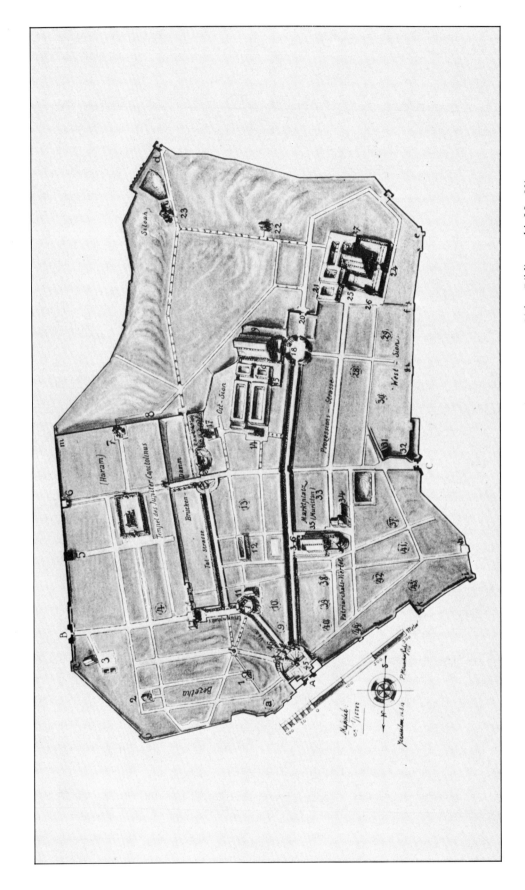

Abb. IX: Jerusalem. Stadtplan nach der Mosaikkarte gezeichnet von P. M. Gisler (Bibliographie Nr. 83).

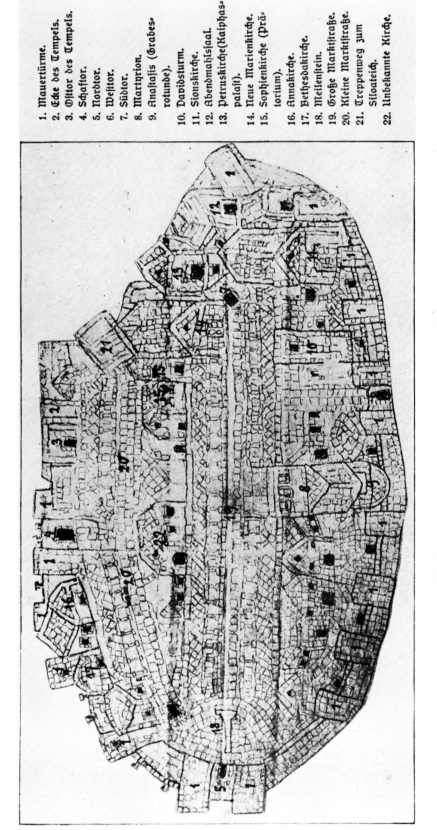

1. Mauertürme.
2. Ecke des Tempels.
3. Osttor des Tempels.
4. Schaftor.
5. Nordtor.
6. Westtor.
7. Südtor.
8. Martyrion.
9. Anastasis (Grabes-
   rotunde).
10. Davidsturm.
11. Sionskirche.
12. Abendmahlssaal.
13. Petruskirche(Kaiphas-
    palast).
14. Neue Marienkirche.
15. Sophienkirche (Prä-
    torium).
16. Annakirche.
17. Bethesdakirche.
18. Meilenstein.
19. Große Marktstraße.
20. Kleine Marktstraße.
21. Treppenweg zum
    Siloateich.
22. Unbekannte Kirche.

Abb. X: Jerusalem. Durchpause von G. Dalman (Bibliographie Nr. 74).

11

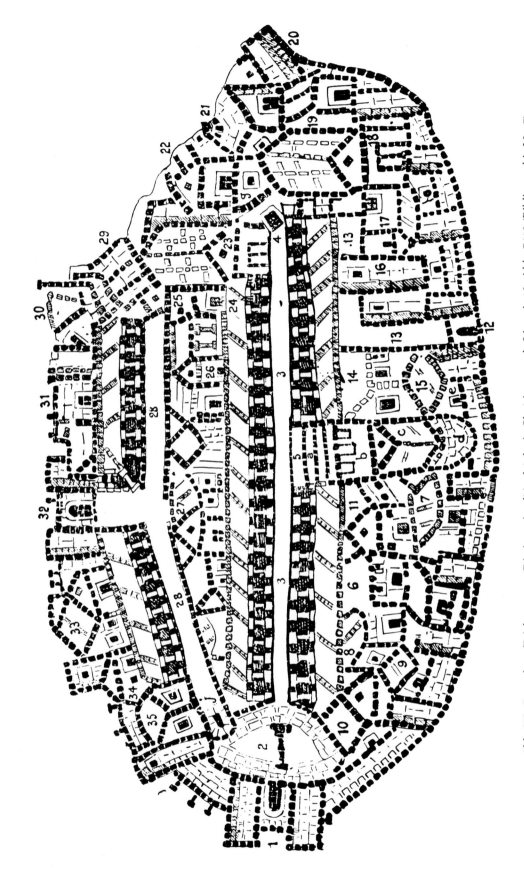

Abb. XI: Jerusalem. Zeichnung aus Dictionnaire d'Archéologie Chrétienne et de Liturgie 10, Abb. 7418 (Bibliographie Nr. 7).

Abb. XII: Jerusalem: Martyrium und Anastasis.
Aquarell von H. Vincent aus H. Vincent –
F.-M. Abel, Jérusalem II: Jérusalem nouvelle,
Pl. XXXII (um 46 % vergrößert; Bibliographie
Nr. 112).

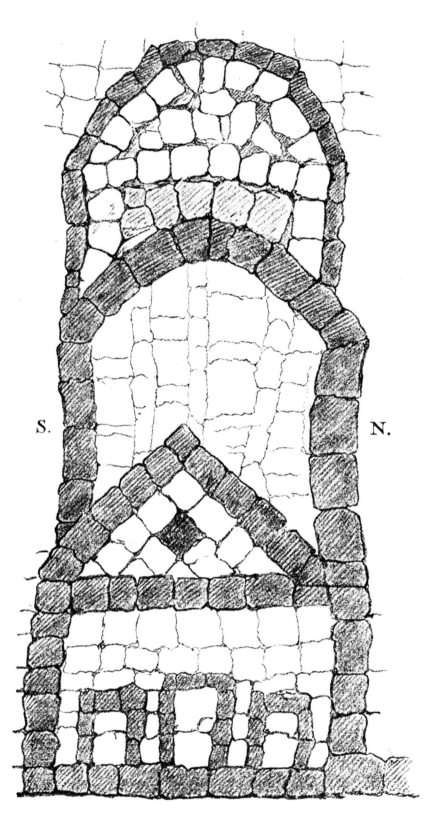

S.　　　　　　　　　　　　　N.

Abb. XIII: a) Jerusalem: Martyrium und Anastasis. Durchpause von C. Mommert 1897
(Bibliographie Nr. 34).

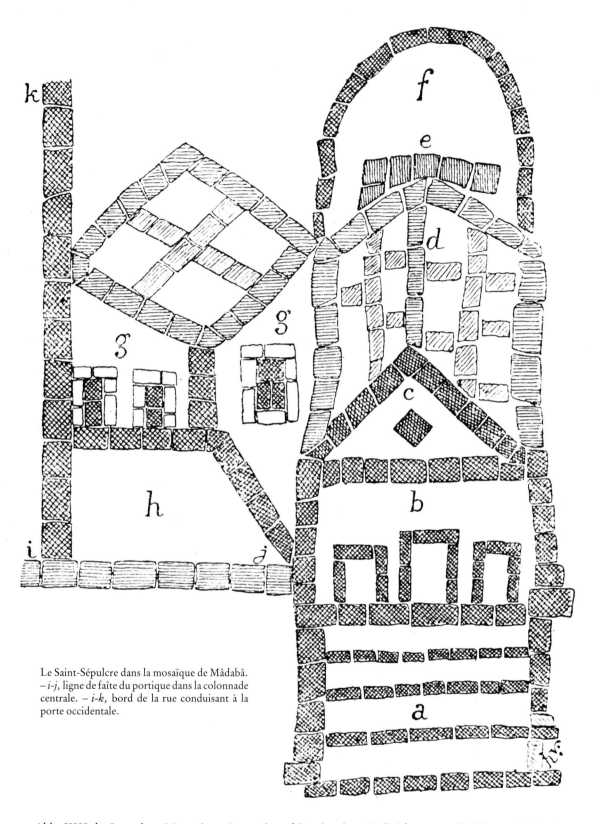

Le Saint-Sépulcre dans la mosaïque de Mâdabâ.
– i-j, ligne de faîte du portique dans la colonnade
centrale. – i-k, bord de la rue conduisant à la
porte occidentale.

Abb. XIII: b) Jerusalem: Martyrium, Anastasis und Baptisterium (?). Zeichnung von H. Vincent 1913
(Bibliographie Nr. 110).

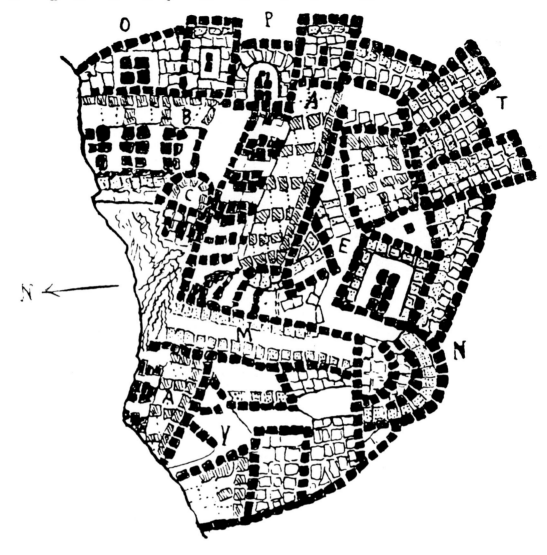

Abb. XIV: a) Neapolis. Zeichnung von H. Vincent (Bibliographie Nr. 60).

Abb. XIV: b) Stammesgebiet von Simeon. Zeichnung von F.-M. Abel (Bibliographie Nr. 59).

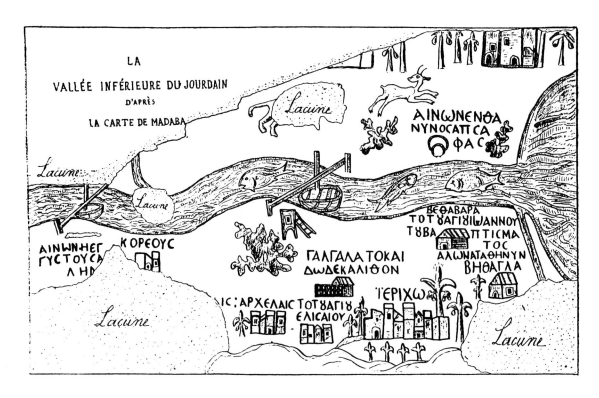

Abb. XV: a) Jordangraben. Zeichnung von F.-M. Abel (RB. NS 10 [1913] 238, Fig. 10).

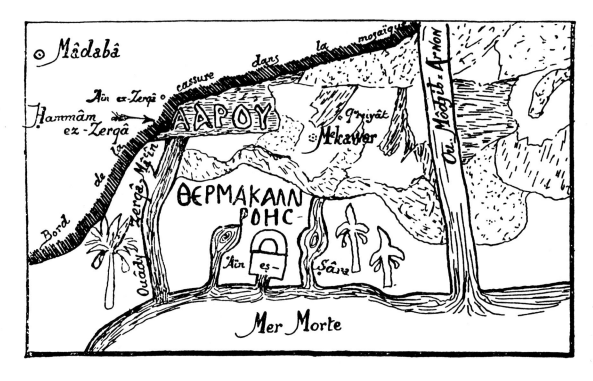

Abb. XV: b) Kallirrhoë. Zeichnung von G. Manfredi (Bibliographie Nr. 52).

18

CARTE DE MADABA (N° 1). — Ce premier carton contient le cours du Jourdain, depuis Ænon, près de Salim, jusqu'à Bethabara, lieu du baptême de Notre-Seigneur. Au delà du fleuve, on voit une gazelle poursuivie par un fauve, dont il ne reste que la queue et les pattes de derrière. Sur le fleuve, une traverse de bois, destinée à guider le passage d'un bac. En deçà, Galgala, Jéricho et, plus bas, Naplouse.

Abb. XVI: a) Die ältesten photographischen Aufnahmen der Mosaikkarte von J. Germer-Durand 1897 (Bibliographie Nr. 2).

ϹΑΡΟΥ

ΘΕΡΜΑΚΑΛΛΙ
ΡΟΗϹ

ΑΙΝΩΝΕΝΘΑ
ΝΥΝΟϹΑΠΕΓΑ
Φ ΛϹ

ΒΕΘΑΒΑΡΑ
ΤΟΤΥΑΓΙΟΙΩΑΝΝΟΥ
ΤΥΒΑ   ΠΤΙϹΜΑ
ΤΟϹ
ΑΤΟΚΑΙ Ϲ ΑΛΩΝΑΤΑΘΗΝΥΝ
ΛΙΘΟΝ   ΒΗΘΑΓΛΑ

ΙΕΡΙΧΩ

ϹΑ
ΕΡΡΩΝΕΘ ΛΙ ΑΜΩΝΕΝ
ΕΝΘΛΗϹΘΝΟΚϹΘΔΕϹΤΗΚϹ
ΡΕΜΝΩΝ ΛΗΝΗΕΠΙΤΟΚΛΤ   ΑΝΕΜΗ
ΛΟΖΑΜ ΒΕΘΛ
ΥΡΓΩΒΗΛ
ΟΠΟΥΗΠΗΓΗ   ΗΛΓΙΑΠΟΛΙϹΙΕΡΟΥϹ
Τ ΟΥΙΑΚ ΟΒ
Κ Υ   ΚΛΗΡ
ϹΥ
ΗΝΚΙΝΗ
ΚϹΛΛΗΜ
ΧΛΟΓΗ ϹΕΝϹ   ΒΗΘΛΕΕΜ
ΥΛΟΓΙΩΝΓ

CARTE DE MADABA N 2. — Ce carton, comme   environs. Au delà, Callirrhoé; en deçà, Bethabara,
tous les autres, reproduit une partie du précé-   Bethagla, Jéricho, et le territoire de la tribu de Benjamin
dent, pour mieux montrer la suite. On y voit l'embou- jusqu'à Jérusalem. Sur la mer Morte, il y a un bateau
chure du Jourdain et le nord de la mer Morte avec ses   avec un mât et une voile repliée autour de l'antenne.

Abb. XVI: b) Die ältesten photographischen Aufnahmen der Mosaikkarte von J. Germer-Durand 1897
(Bibliographie Nr. 2).

20

Abb. XVI: c) Die ältesten photographischen Aufnahmen der Mosaikkarte von J. Germer-Durand 1897 (Bibliographie Nr. 2).

CARTE DE MADABA N 5 — Partie méridionale de la mer Morte, désignée par ses trois noms : mer Salée, lac Asphaltite, mer Morte.

Un second bateau était figuré ici. Autour de Balac ou Zoora, on apercoit des palmiers et des baumiers, essences désignées par l'his-

torien Eusèbe comme abondantes en ces parages. A l'ouest de la mer Morte, on voit la fontaine de Saint-Philippe, près de Bethsour, non loin d'Hébron, l'église de Térébinthe, souvenir d'Abraham, et le chêne de Mambré. L'angle Sud-Ouest est occupé par un des piliers de l'église.

Abb. XVI: d) Die ältesten photogra-phischen Aufnahmen der Mosaikkarte von J. Germer-Durand 1897 (Bibliographie Nr. 2).

22

Abb. XVI: e) Die ältesten photographischen Aufnahmen der Mosaikkarte von J. Germer-Durand 1897
(Bibliographie Nr. 2).

Abb. XVI: f) Die ältesten photographischen Aufnahmen der Mosaikkarte von J. Germer-Durand 1897 (Bibliographie Nr. 2).

CARTE DE MADABA (N° 6). — Cette partie de la carte, très fortement entamée par la destruction, représente le territoire de la tribu de Juda. On y voit Bethléem-Ephrata, puis Socho; Beth-zacharia avec l'église Saint-Zacharie; Morasthi, patrie du prophète Michée, et une partie de la ville d'Eleuthéropolis. Dans la plaine Nicopolis, Jamnia, Accaron, Asdoud ou Azot, et Azot maritime. Dans le fragment entouré de carreaux noirs et blancs, la ville d'Ascalon.

ΠΡΑCΙΔΙΝ   ΘΑΜΑΡΑ   ΗΩΑ

ΕΥΒ
ΤΟΥCΗ ΗΝΑΛCEWΘΘ
ΟΧΑΛΟΥCΟΦ

ΕΠ ΙΜΟC
ΟΠΟΥΚΑ
ΦΘΗΤΟ
ΚΗΟΡΙ
ΜΗ

ΡΑΦΙΔΙΜΕΝΘΑΕ
ΤΤΟΛΟΥΟΝΤΙΟΘΑΜΑ
ΛΗΚΟΚΡΑΠΑΕΠΤΟ
ΛΕΗΗCΕΝ

ΜΑΜΥΙC

ΘΗΡCΑΒΕΕΗΝΥΝ
ΘΗΡΟCCΑΒΛΕWC
ΤΑΥΤΗCΙΑΟ
ΡΙΑΤΗCΙΟΥΔΑΙΑC
ΤΑΠΡΟCΝΟΤΟΝ
ΑΠΟΔΑΗΤΗCΠΡΟC
ΠΑΝΕΛΔΙΗΤΙCΟΡΙ
ΖΕΙΤΑΠΡΟCΒΟΡΡΑΝ

ΑΙΑ ΔΕ ΞΗC
ΘΙΑΡΑΔΙΟΙ

ΛΕCΜWΝΑ
ΠΟΛΙCΕΠΙΤΗCΕΡΑ
ΔΙΟΒCΔΟΥCΑΖΙΓ
ΚΛΙΤΗΝΕΙCΘΑ
ΕΛΟΥCΑΔ

ΓΕΡΑΡΑ

ΤΕCΟΡΑΙCΑΙ
ΙΕΘΗΡΑ

ΦWΤΙC

ΓΕΡΑΡΑΒΑCΙΛΙΚΗΠΟΤΕΠΟΛΙCΤWΝ
ΦΥΛΚΤΙΑΙWΝΡΑΙΟΡΙΟΝΤWΝΧΑΝΑ
ΝΑΙΟΙΝΤΟΠΡΟCΝΟΤΟΝΕΝΘΑΤΟ
CΕΡΑΡΙΤΙΚΟΝΛΑΤΟΝ

ΟΡΔΑ

CΛΗΡΟCCΥΜΕ

ΘΑ
CWΒΙΛΑ
CΕΑΝΑ

ΑΛΕΑ
ΒΕΘΑΙΛΕΑ

ΜΑΔΕΒΗΝΗΝΥ
ΜΗΝΟΥC
ΤΟΠΕΝΤΑCΧ
ΝΟΝ ΠΠ
ΤΟΚΑCΙΝ

ΗΜ
ΖΑ
CΕΡΑΤΝ
CΥΚΟΜΑΖWΝ   ΟCΤΡΑΚΙΝ

CARTE DE MADABA (N° 7). — Ce carton représente, dans le haut, le désert traversé par les
Hébreux pendant leur exode. On y a marqué: l'en-
droit où les Israélites furent délivrés par le serpent
d'airain; le désert de Sin, célèbre par la manne et le vol
des cailles; Raphidim, où furent défaits les Amalécites.
A l'Ouest, le territoire de Siméon: Bersabée, Gérara,
Gaza et les villes frontières de l'Égypte: Elusa, Minoïs,
Rhinocorura, etc.

Abb. XVI: g) Die ältesten photographischen Aufnahmen der Mosaikkarte von J. Germer-Durand 1897
(Bibliographie Nr. 2).

Abb. XVI: b) Die ältesten photographischen Aufnahmen der Mosaikkarte von J. Germer-Durand 1897

(Bibliographie Nr. 2).

CARTE DE MADABA (N° 8). — Ce carton reproduit une grande partie du précédent. On y remarque la ville de Gaza, avec ses colonnades et ses monuments, et, tout auprès, l'église de Saint-Victor, martyr d'Égypte. Au sud de Gaza, Thabata, patrie de saint Hilarion. Les frontières de l'Égypte sont indiquées entre Bathylion (Béthélie) et Rhinocorura. Plus au Sud, la ville de Péluse occupe la place principale, avec une enceinte flanquée de tours et une colonnade centrale.

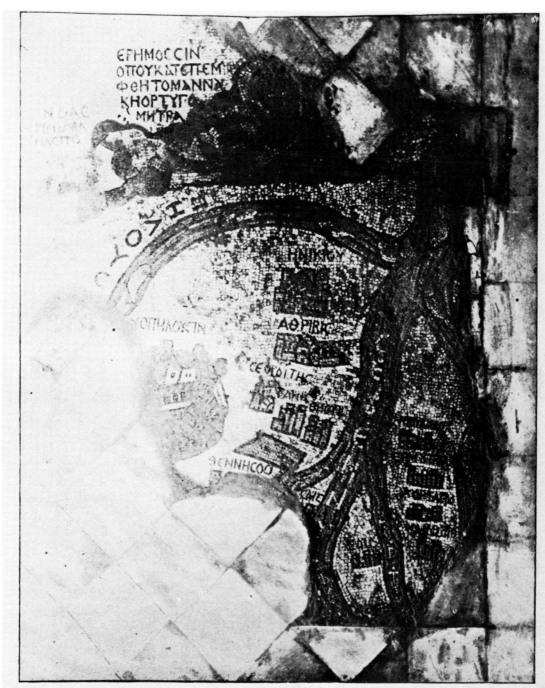

EFHMOCCIN
OΠΟΥΚΑΤΕΠΙΕΜ
ΦΕΗΤΟΜΑΝΝΑ
ΚΗΟΡΤΥΓΟ
ΜΗΤΡΑ

CARTE DE MADABA (N° 9). — La Basse-Égypte et les bouches du Nil avec les montagnes du Sinaï à l'Est.

Le bras le plus oriental du fleuve est désigné par le nom de Pélusiaque. Le bras principal, nommé Sében-nitique, se subdivise en trois : la branche saïtique, entre Thennisos et Saïs; la branche bucolique, à gauche de la ville de Xoïs; la branche bolbitique, à droite de Xoïs. Au delà, on lit les noms de Hermoupolis, Chortaso, Cœnoupolis, etc.

Abb. XVI: i) Die ältesten photographischen Aufnahmen der Mosaikkarte von J. Germer-Durand 1897 (Bibliographie Nr. 2).

Abb. XVII: Mittelteil mit Jerusalem. Photo von H. L. Larsson (Bibliographie Nr. 74).

Abb. XVIII: Jerusalem und Umgebung. Photo von H. L. Larsson (um 40% vergrößert; Bibliographie Nr. 75).

B. Die Mosaikkarte vor der Restaurierung 1965

Abb. 1: Blick auf Madeba von Norden (Aufnahme 1961).

Abb. 2: Madeba: Griechisch-orthodoxe Kirche von Nordosten (Aufnahme 1965).

Abb. 3: Blick von der Empore nach Osten.

Abb. 4: Blick von der Empore nach Südosten.

Abb. 5: Überblick: Stammesgebiet von Joseph und Benjamin.

Abb. 6: Überblick: Mittelteil der Karte.

Abb. 7: Überblick: Stammesgebiet von Simeon.

Abb. 8: Überblick: Südteil der Karte.

Abb. 9: Südlicher Jordangraben: Sapsaphas, Bethabara [1/2].

Abb. 10: Osteil des südlichen Jordangrabens: Sapsaphas, Vignetten von Bethnambris und Livias/Julias [1/2].

Abb. 11: Westteil des südlichen Jordangrabens: Archelais, Elisaquelle bei Jericho, Galgala [1/6].

Abb. 12: Westteil des südlichen Jordangrabens: Jericho, Elisaquelle, Galgala, Bethabara, Bethagla [1/2/6/7].

44

Abb. 13: Westteil des südlichen Jordangrabens und mittelpalästinisches Gebirge: Jericho, Archelais, Neapolis, Sichem [1/6].

Abb. 14: Westteil des südlichen Jordangrabens und mittelpalästinisches Gebirge: Jericho und Umgebung bis zum Toten Meer, Akrabim, Sichem, Bethel [1/2/6/7].

Abb. 15: Ostufer des Toten Meeres: *Wādi Zerqa Māʿīn,* Kallirrhoë, Arnon [2].

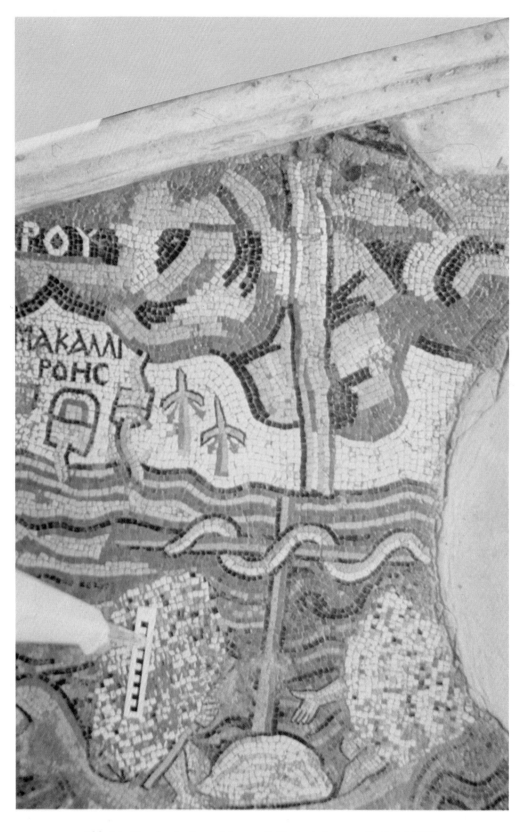

Abb. 16: Ostufer des Toten Meeres: Kallirrhoë, Arnon, nördl. Schiff [2].

Abb. 17: Ostjordanisches Gebirge: Charachmoba, Betomarsea, Aia, Tharais [3].

Abb. 18: Ostjordanisches Gebirge und Ostufer des Toten Meeres: Aia, Tharais [3].

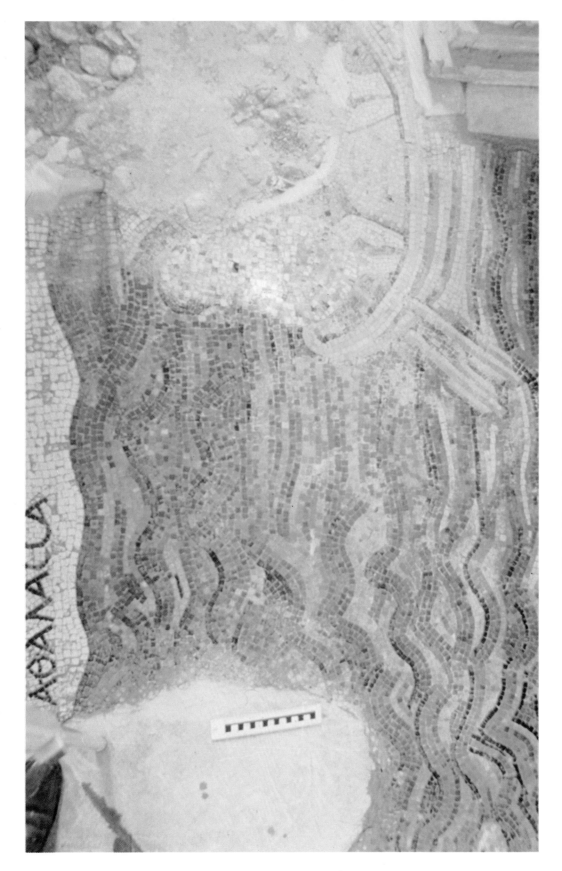

Abb. 19: Mittelteil des Toten Meeres: südl. Schiff [3/8].

Abb. 20: Südende des Toten Meeres und *Ġōr eṣ-Ṣāfī:* südl. Schiff, Zoora [3/4].

Abb. 21: Südende des Toten Meeres und *Ġōr eṣ-Ṣāfī:* Zoora, Lot-Kirche [3/4].

Abb. 22: Mittelpalästinisches Gebirge: Neapolis, Sichem, Jerusalem, Theraspis, Adiathim [6/7].

Abb. 23: Mittelpalästinisches Gebirge: zwischen Neapolis und Jerusalem, Stammesgebiet von Joseph und Benjamin [6/7].

55

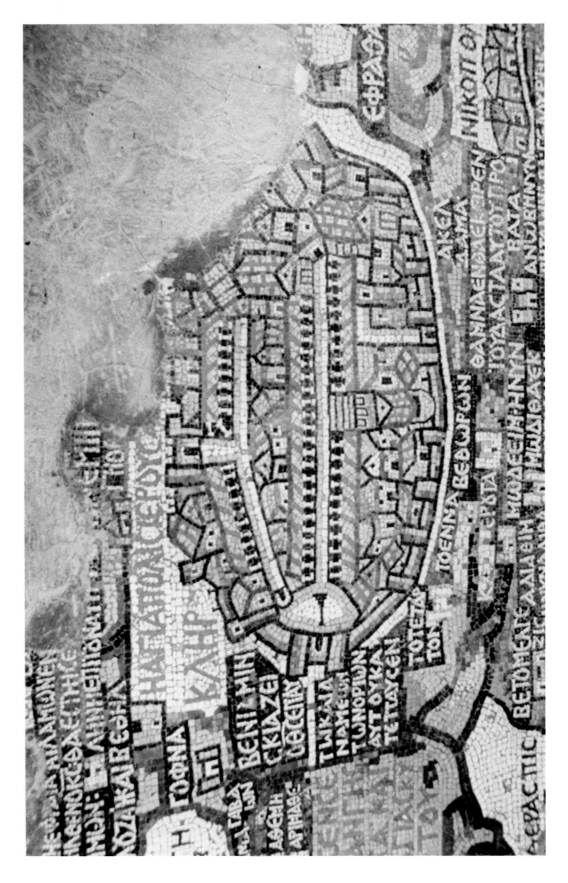

Abb. 24: Jerusalem und Umgebung [7].

Abb. 25: Mittelpalästinisches Gebirge, Hügelland und Küstenebene: Jerusalem, Theraspis, Diospolis, Gath [6/7].

Abb. 26: Mittelpalästinisches Gebirge, Hügelland und Küstenebene: Jerusalem, Diospolis, Nikopolis, Jamnia [7].

Abb. 27: Hügelland und Küstenebene: Diospolis und Umgebung [7].

Abb. 28: Küstenebene: Diospolis, Gath, Jona-Kirche, Mittelmeer [7].

Abb. 29: Mittelpalästinisches Gebirge: Jerusalem, Bethlehem, Nikopolis, Bethzachar [7/8].

61

Abb. 30: Hügelland und Küstenebene: Jamnia und Umgebung [7/8].

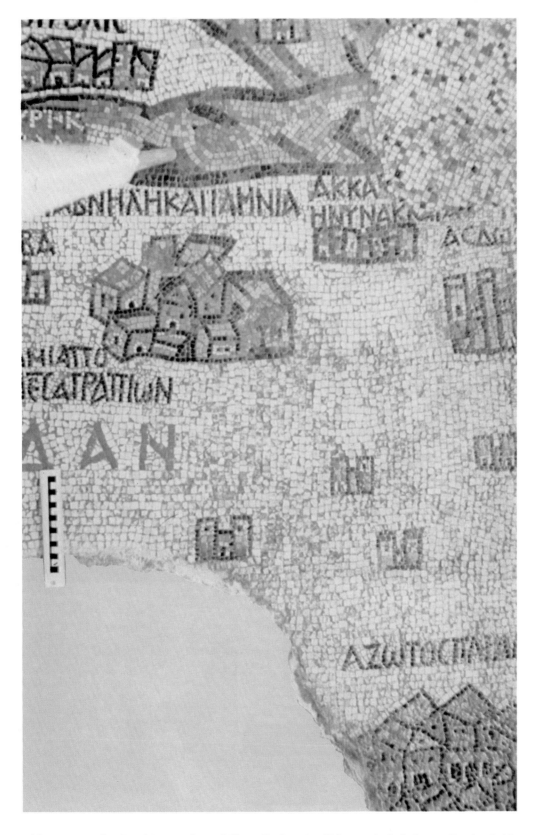

Abb. 31: Hügelland und Küstenebene: Nikopolis, Jamnia, Akkaron, Asdod, Azotos Paralos [7/8].

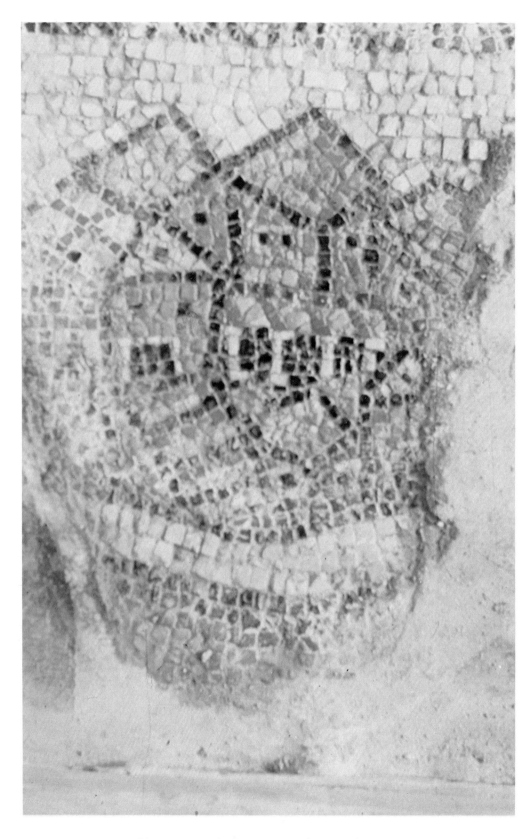

Abb. 32: Küstenebene: Azotos Paralos, Mittelmeer [8].

Abb. 33: Südpalästinisches Gebirge und Westufer des Toten Meeres: Bethlehem, Thekoa, Mamre, Hebron, Bethzachar, Morasthi [7/8].

Abb. 34: Südpalästinisches Gebirge, Hügelland und Küstenebene: Thekoa, Bethzachar, Jamnia, Akkaron, Asdod [7/8].

Abb. 35: Küstenebene: Askalon [8].

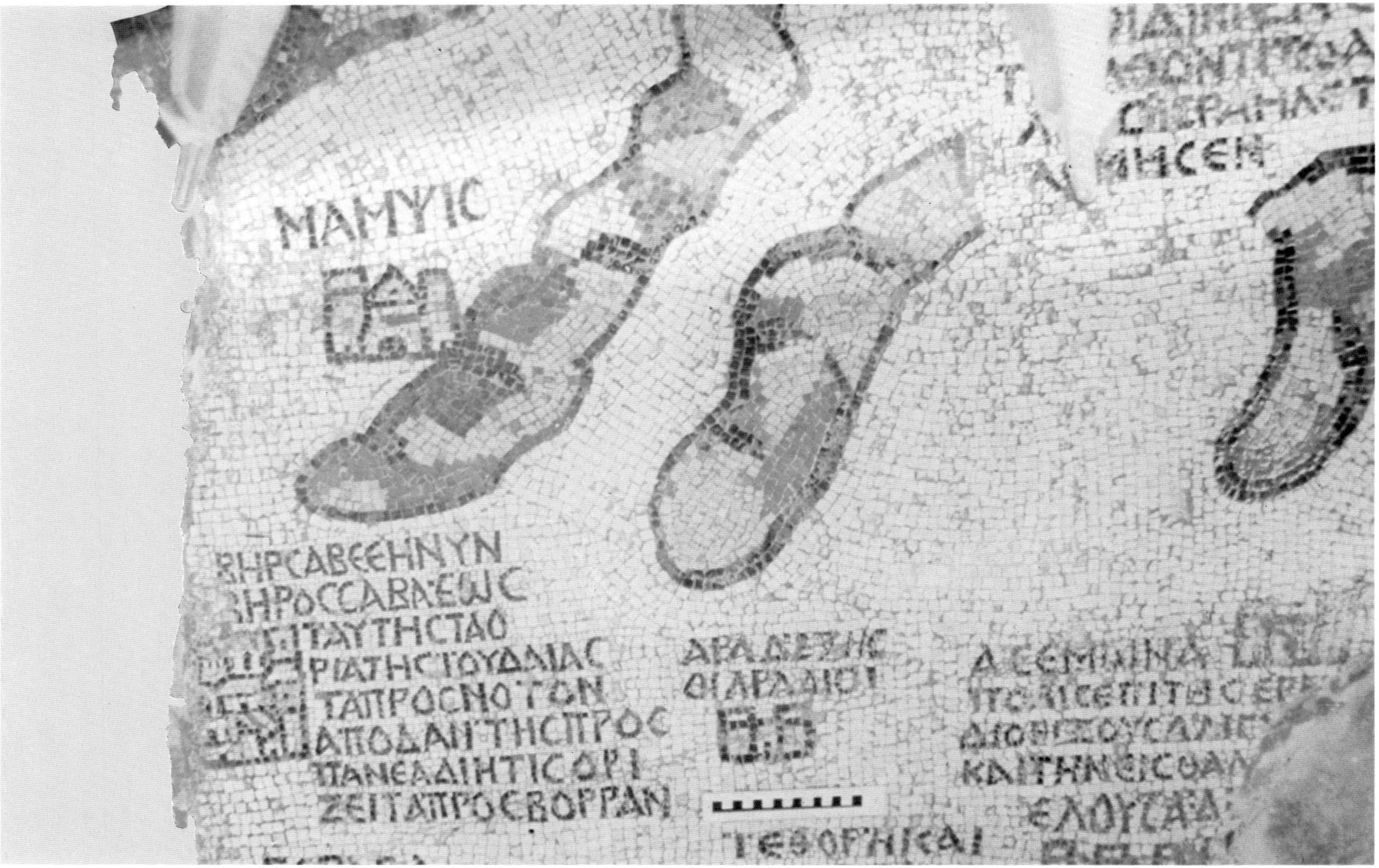

Abb. 36: Bucht von Beerseba und Negev: Beerseba, Mampsis, Raphidim, Arad, Asemona, Elusa [9/10].

Abb. 37: Bucht von Beerseba und Negev: Beerseba, Arad, Gerara, Stammesgebiet von Simeon [9].

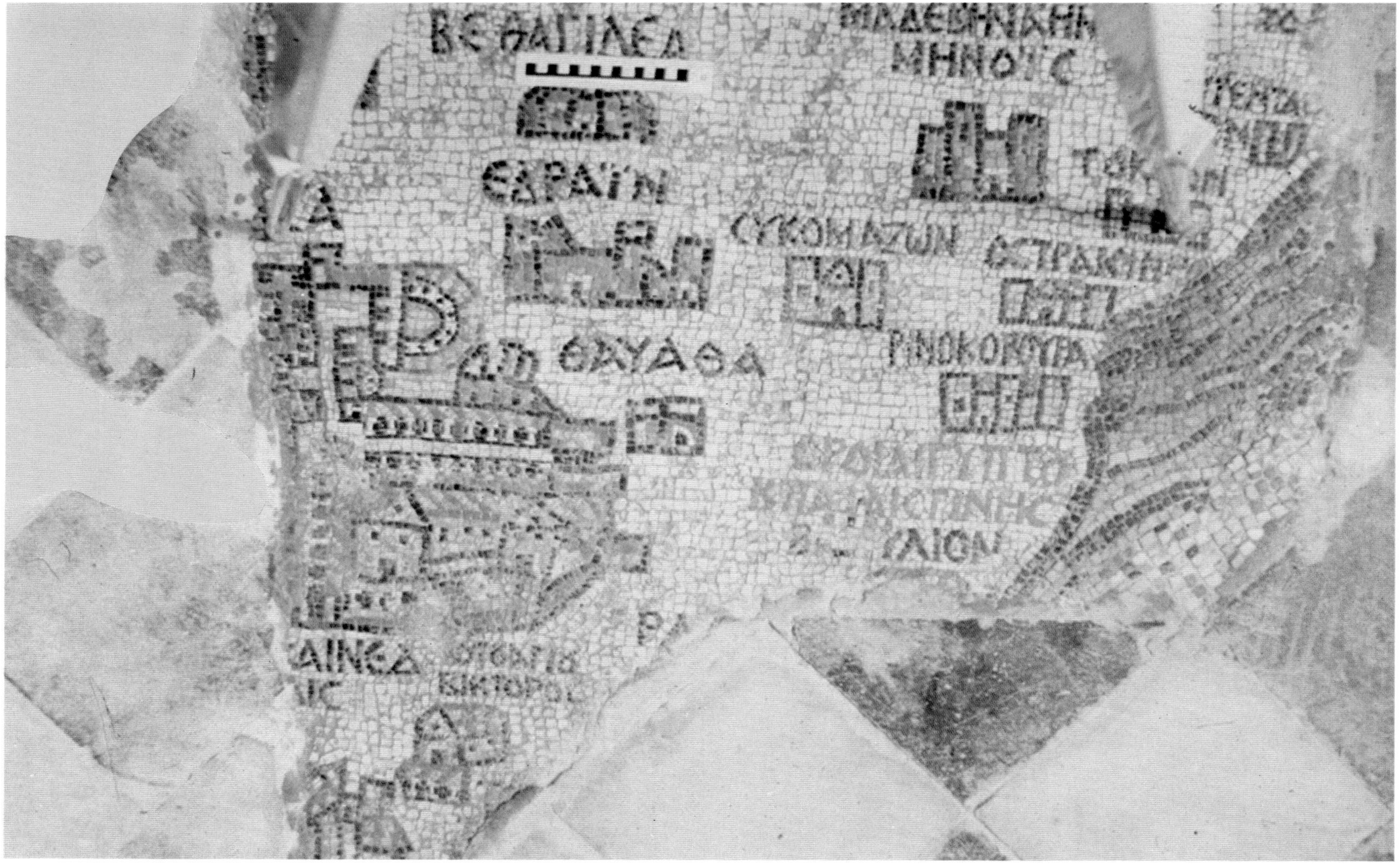

Abb. 38: Küstenebene: Gaza und Umgebung [9].

Abb. 39: Negev und Isthmuswüste: Raphidim, Asemona, Wüste Sin, Pelusischer Nilarm [5/9/10].

Abb. 40: Isthmuswüste und Nildelta: Raphidim, Asemona, Elusa, Pelusium [9/10].

Abb. 41: Negev und Isthmuswüste: Wüste Sin, Pelusischer Nilarm [5/9/10].

Abb. 42: Isthmuswüste und Nildelta: Pelusischer Nilarm, Henikiu [5/10].

Abb. 43: Galiläa: Fragment A.

Abb. 44: Galiläa: Fragment A.

Abb. 45: Mittlerer und südlicher Jordangraben: Ainon/Salem, Koreus, Archelais [1/6].

Abb. 46: Südlicher Jordangraben: Jericho und Umgebung, Sapsaphas [1/2/6/7].

Abb. 47: Südlicher Jordangraben und mittelpalästinisches Gebirge: Jericho und Umgebung bis zum Toten Meer, Neapolis, Sichem, Bethel, Jerusalem [1/2/6/7].

Abb. 48: Südlicher Jordangraben und Nordteil des Toten Meeres: Sapsaphas, Vignette von Livias/Julias, Kallirrhoë, Bethabara, Bethagla, nördl. Schiff [1/2].

Abb. 49: Ostufer des Toten Meeres: *Wādī Zerqā Māʿīn*, Kallirrhoë, Arnon [2].

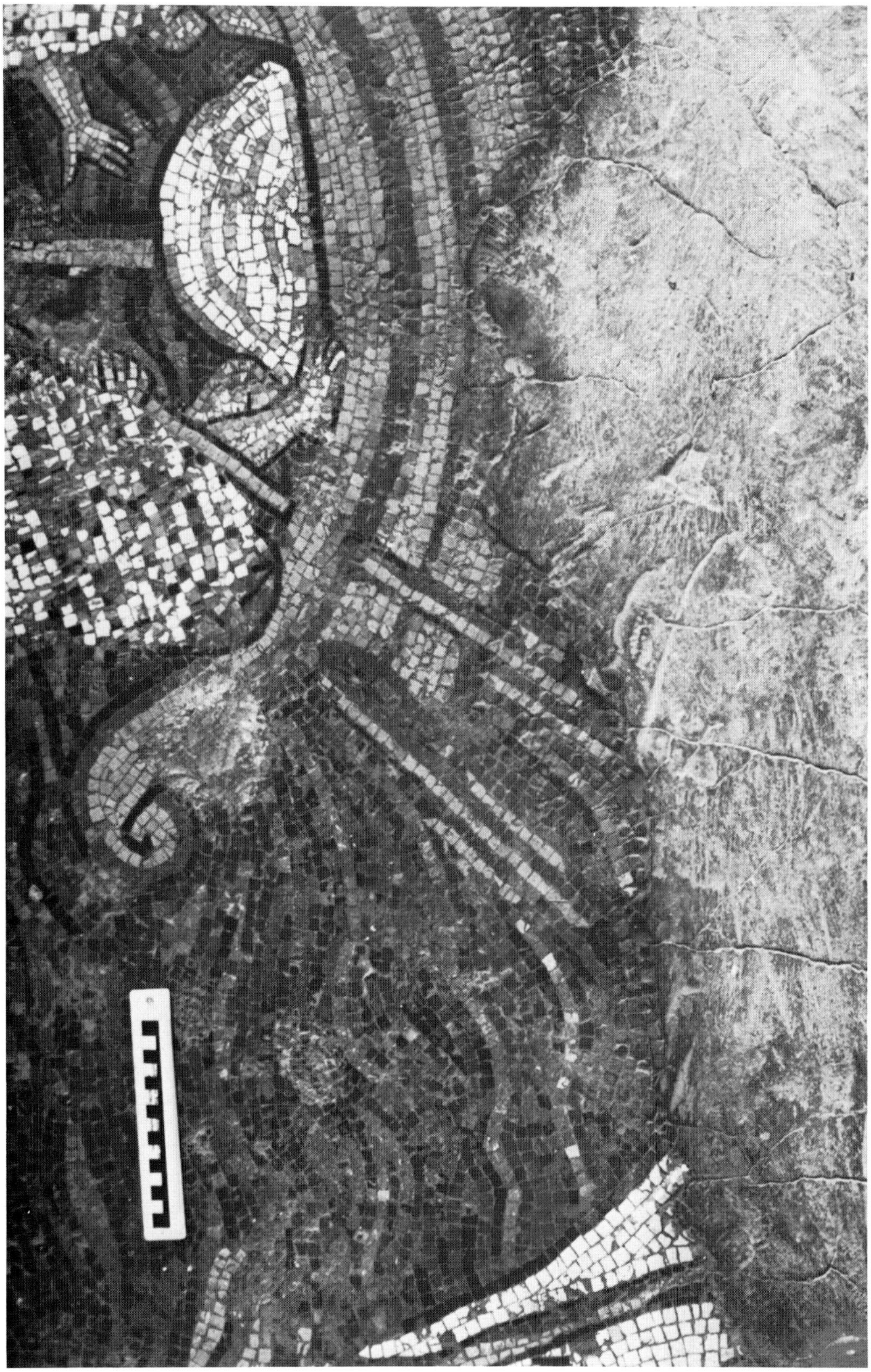

Abb. 50: Nordteil des Toten Meeres: nördl. Schiff [2].

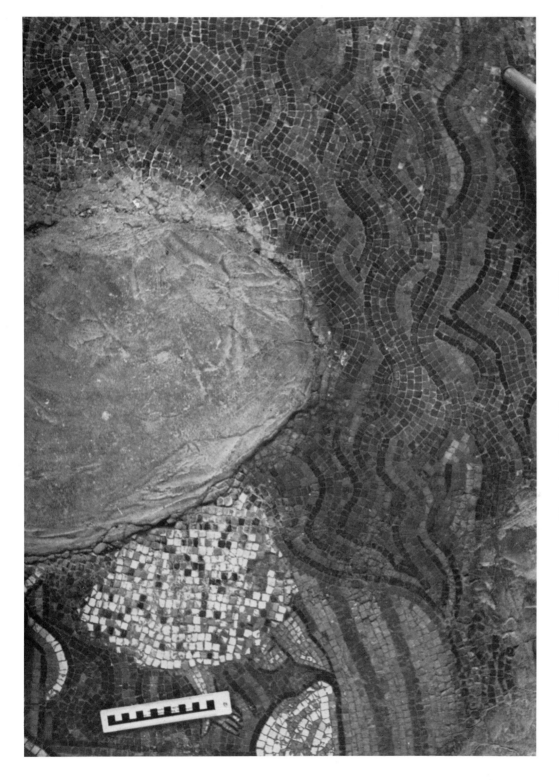

Abb. 51: Nordteil des Toten Meeres: nördl. Schiff [2/3].

Abb. 52: Ostufer und Mittelteil des Toten Meeres: Arnon, nördl. Schiff, Aia [2/3].

Abb. 53: Ostjordanisches Gebirge: Charachmoba, Betomarsea, Aia, Tharais, Zared [3].

Abb. 54: Ostjordanisches Gebirge: Charachmoba, Betomarsea [3].

Abb. 55: Ostjordanisches Gebirge und Ostufer des Toten Meeres: Aia, Tharais, Zared [3].

Abb. 56: Ostjordanisches Gebirge: Betomarsea, Aia, Tharais [3].

Abb. 57: Ostjordanisches Gebirge: Aia [3].

Abb. 58: Ostjordanisches Gebirge: Zared [3].

90

Abb. 59: Ostjordanisches Gebirge, Südteil des Toten Meeres und *Ġōr eṣ-Ṣāfī:* Zared, Zoora, Lot-Kirche [3/4].

Abb. 60: Ostufer des Toten Meeres [3].

Abb. 61: Mittelteil des Toten Meeres: südl. Schiff [3].

Abb. 62: Mittelteil und Westufer des Toten Meeres: südl. Schiff [3/8].

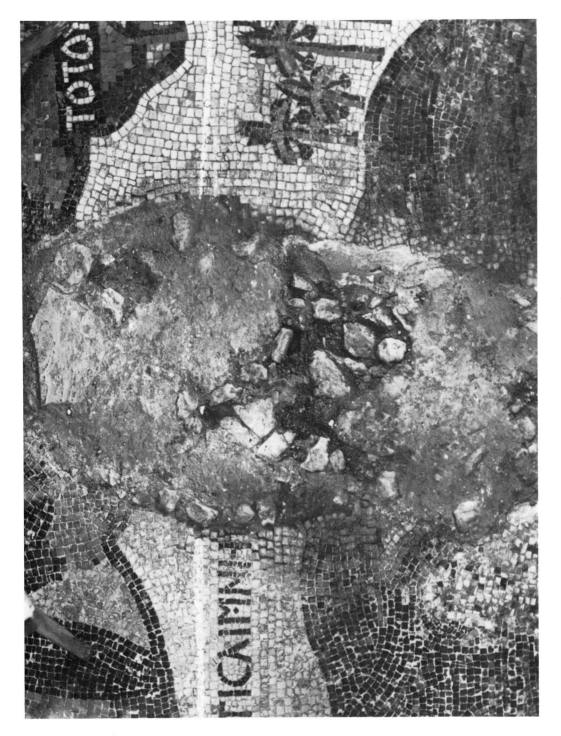

Abb. 63: Ostufer des Toten Meeres und *Ġōr eṣ-Ṣāfī* [3/4].

Abb. 64: Südteil des Toten Meeres und *Ġōr eṣ-Ṣāfī:* Zoora, Lot-Kirche [3/4].

Abb. 65: Mittelpalästinisches Gebirge: Neapolis und Umgebung [6].

Abb. 66: Mittelpalästinisches Gebirge: zwischen Neapolis und Jerusalem [6/7].

Abb. 67: Mittelpalästinisches Gebirge: nördl. Umgebung von Jerusalem, Theraspis, Adiathim [6/7].

Abb. 68: Mittelpalästinisches Gebirge, Hügelland und Küstenebene: Umgebung von Jerusalem, Diospolis, Nikopolis, Gath [7].

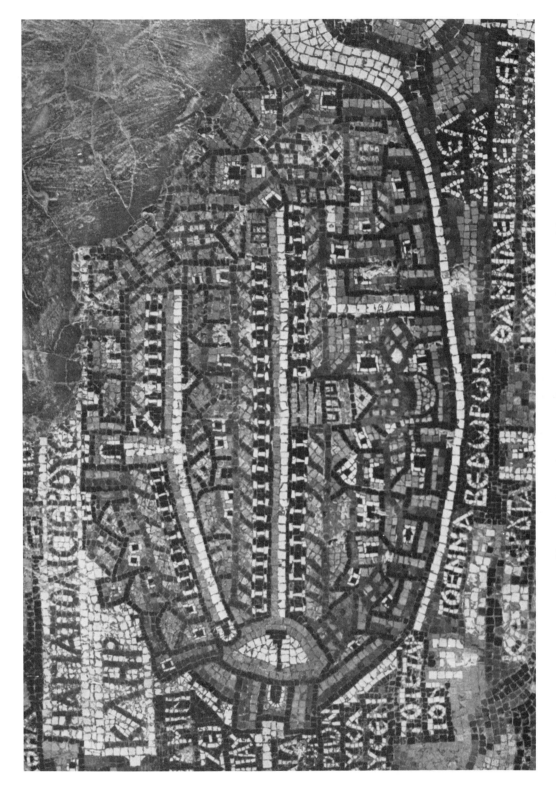

Abb. 69: Stadtvignette von Jerusalem vor der Restaurierung 1965 [7].

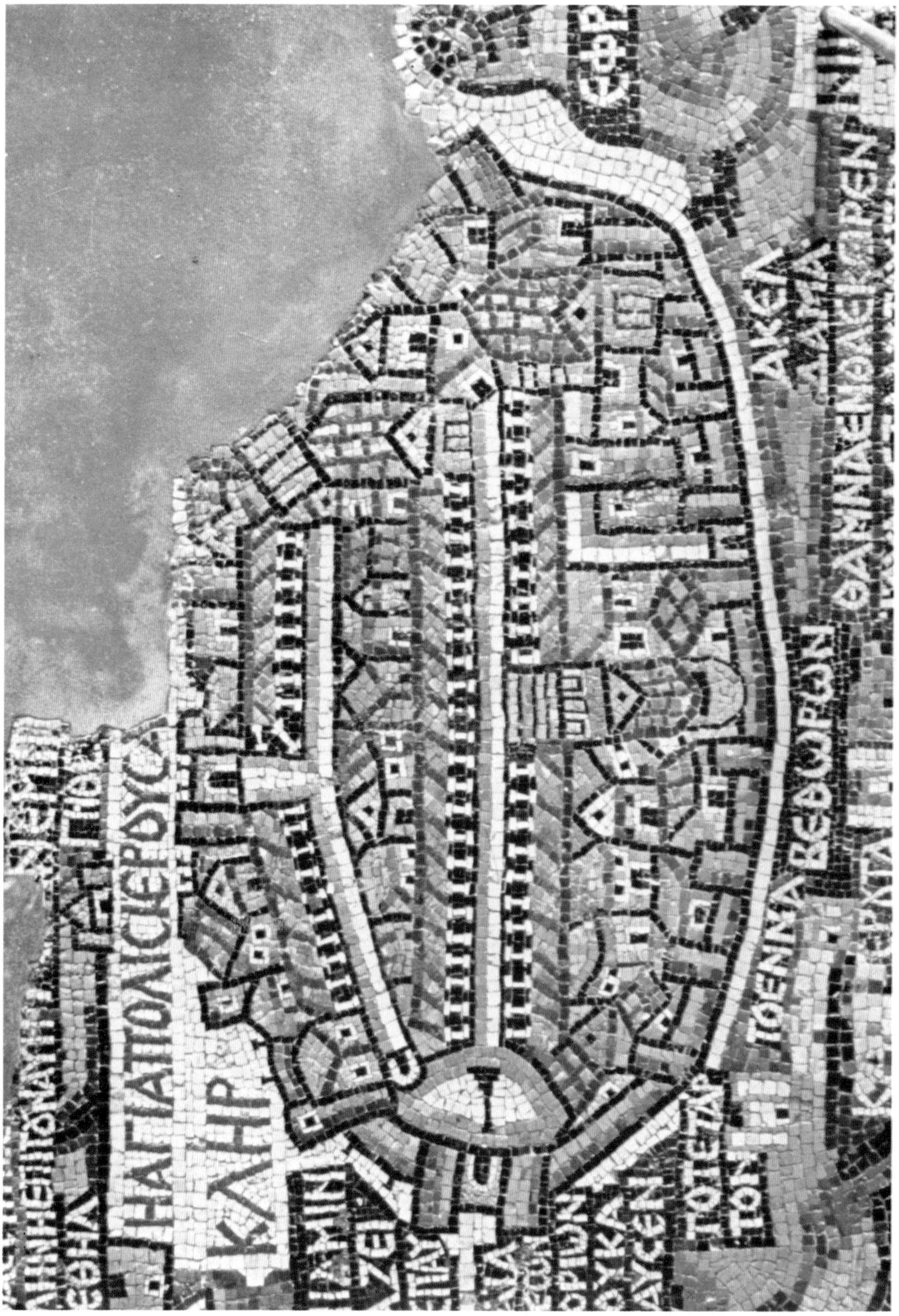

Abb. 70: Stadtvignette von Jerusalem nach der Restaurierung 1965 [7].

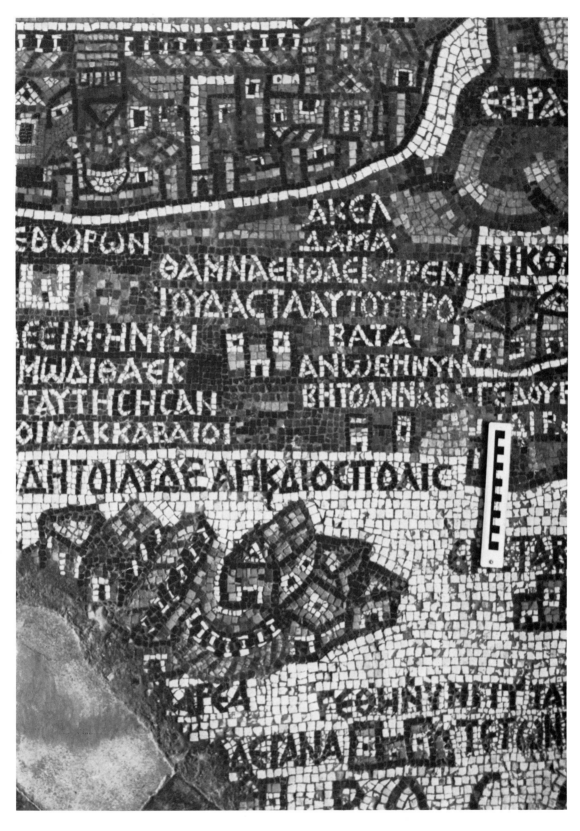

Abb. 71: Mittelpalästinisches Gebirge, Hügelland und Küstenebene: westl. Umgebung von Jerusalem, Diospolis, Nikopolis, Gath [7].

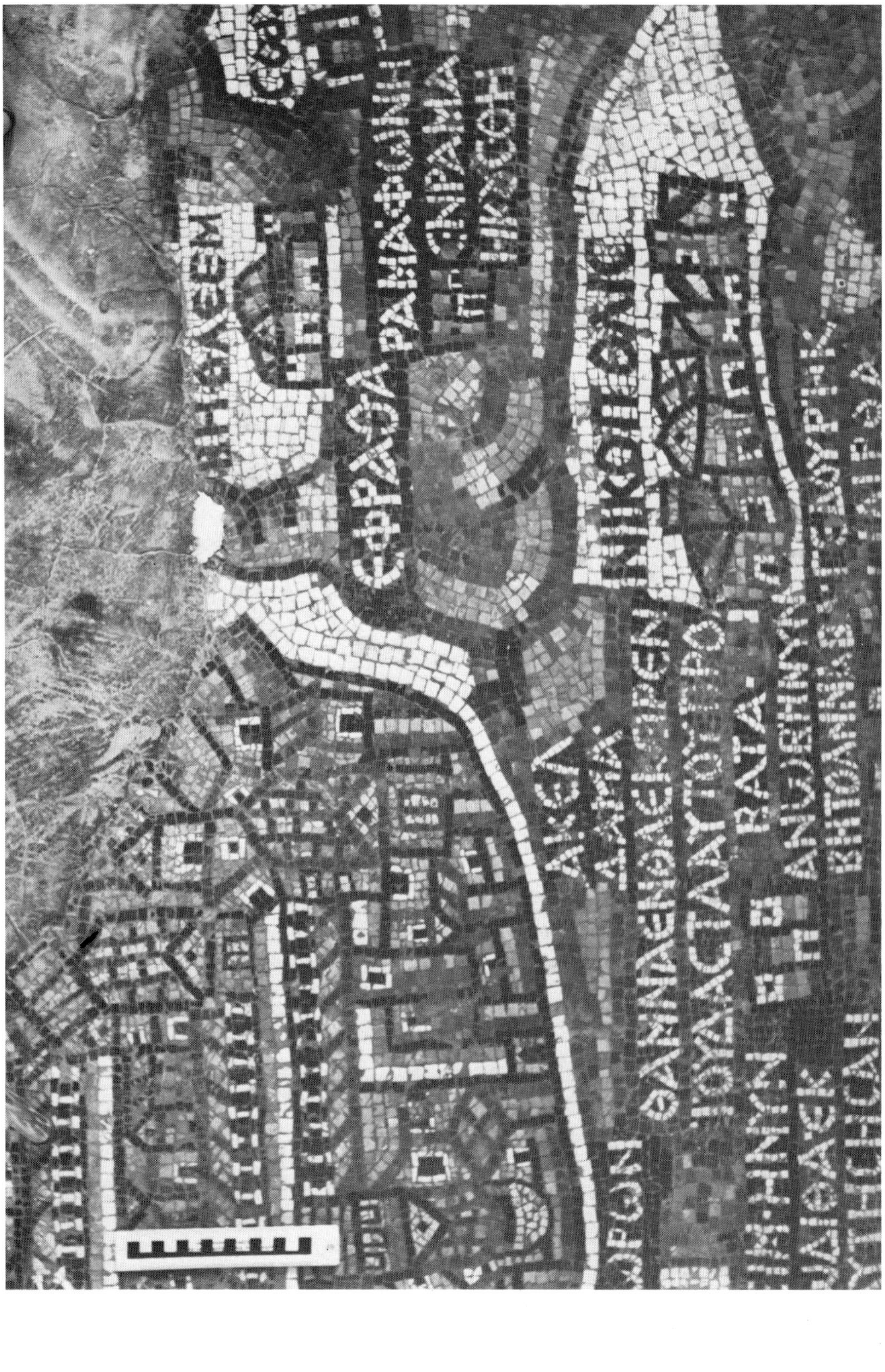

Abb. 72: Mittelpalästinisches Gebirge: Jerusalem, Bethlehem, Nikopolis [7/8].

Abb. 73: Hügelland und Küstenebene: Nikopolis, Jamnia, Akkaron [7/8].

Abb. 74: Küstenebene: Jona-Kirche, Mittelmeer [7].

Abb. 75: Südpalästinisches Gebirge, Hügelland und Küstenebene: Thekoa, Mamre, Hebron, Bethzachar, Morasthi, Eleutheropolis, Akkaron, Asdod [8].

Abb. 76: Südpalästinisches Gebirge: Thekoa, Mamre, Bethzachar, Morasthi [8].

Abb. 77: Hügelland: Eleutheropolis [8].

Abb. 78: Küstenebene: Azotos Paralos, Mittelmeer [8].

Abb. 79: Küstenebene: Askalon [8].

Abb. 80: Negev: Prasidin, Thamara, Moa, Mampsis, Raphidim [4/9].

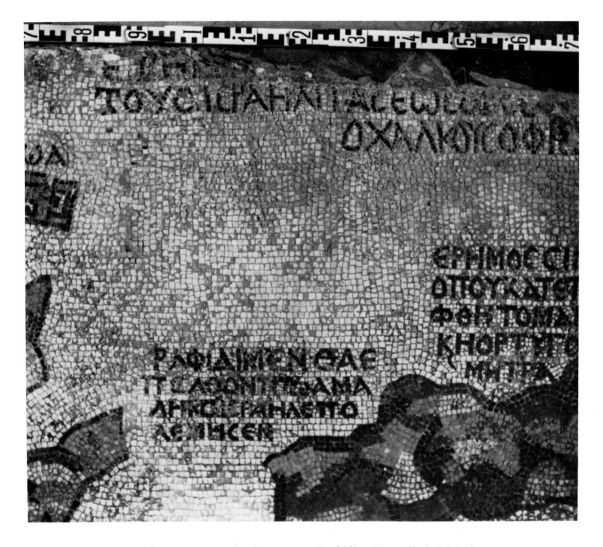

Abb. 81: Negev und Isthmuswüste: Raphidim, Wüste Sin [4/5/9/10].

Abb. 82: Negev und Isthmuswüste: Wüste Sin [5/10].

Abb. 83: Bucht von Beerseba: Beerseba, Gerara, Arad, Stammesgebiet von Simeon [9].

Abb. 84: Küstenebene: Gaza und Umgebung [9].

Abb. 85: Küstenebene: Gaza und Umgebung [9].

Abb. 86: Isthmuswüste und Nildelta: Asemona, Elusa, Pelusischer Nilarm, Pelusium [9/10].

Abb. 87: Nildelta: Südspitze, Henikiu [10].

Abb. 88: Östliches Nildelta: Pelusium, Henikiu, Athribis, Thmuis, Tanis, Thennesos [10].

Abb. 89: Mittleres Nildelta: Sais, Xois, Hermopolis [10].

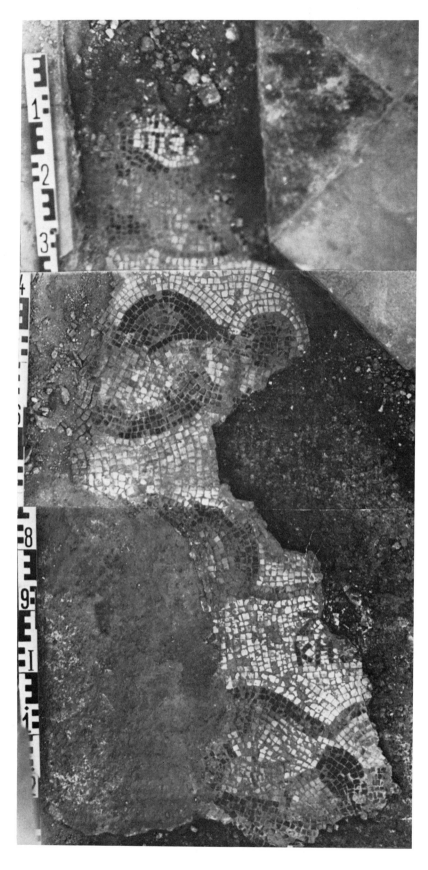

Abb. 90: Galiläa:
Fragment B.

Abb. 91: Rückseite nach der Reinigung: südl. Jordanfähre unweit Galgala [1].

Abb. 92: Rückseite nach der Reinigung: Jericho und Umgebung [1/6].

Abb. 93: Rückseite nach der Reinigung: Sapsaphas [1/2].

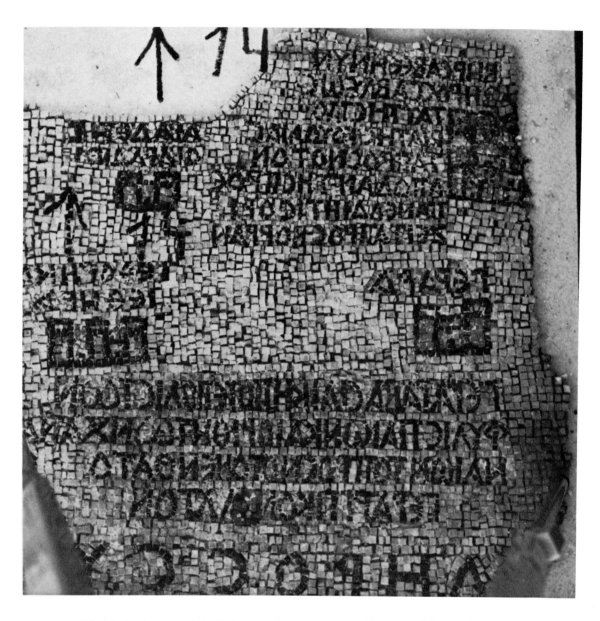

Abb. 94: Rückseite nach der Reinigung: Beerseba, Gerara, Stammesgebiet von Simeon [9].

C. Die Mosaikkarte nach der Restaurierung 1965

Abb. 95: Gesamtansicht des Nordteils der Karte.

129

Abb. 96: Übersicht über den Mittelteil der Karte.

Abb. 97: Mittlerer und südlicher Jordangraben: Ainon/Salem, Koreus, Archelais [1/6].

Abb. 98: Südlicher Jordangraben: Jericho und Umgebung, Sapsaphas [1/2/6/7].

Abb. 99: Westteil des südlichen Jordangrabens: Jericho, Elisaquelle, Archelais, Galgala, Bethabara [1/2/6/7].

AINWNENΘΑ
NYNΟCΑΤΤΙCΑ
ΦΑCΙ

ΒΕΘΑΒΑΡΑ
ΤΟΤΥΑΓΙΟΥΙωΑΝΝΟΥ
ΤΟΒΑ·   ΠΤΙCΜΑ

Abb. 100: Südlicher Jordangraben und Mündung des Jordans ins Tote Meer: Sapsaphas, Vignetten von Bethnambris und Livias/Julias, Bethabara [1/2].

Abb. 101: Nordteil und Ostufer des Toten Meeres (Platte): Kallirrhoë, Arnon, nördl. Schiff [2].

Abb. 102: Südlicher Jordangraben, Nordteil und Ostufer des Toten Meeres: Vignette von Livias/Julias, Kallirhoë, Arnon, nördl. Schiff [2].

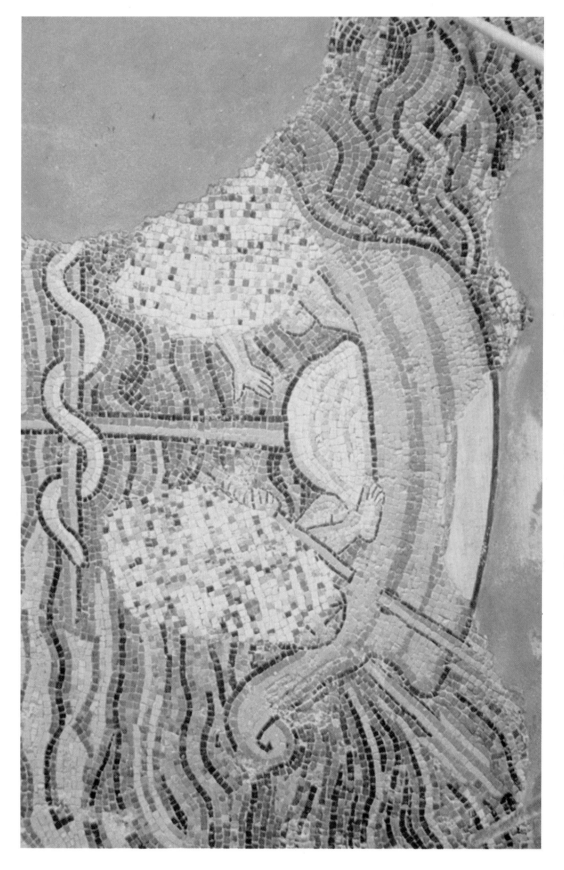

Abb. 103: Nordteil des Toten Meeres: nördl. Schiff [2].

137

Abb. 104: Ostjordanisches Gebirge (Platte): Charachmoba, Betomarsea, Aia, Tharais [3].

Abb. 105: Ostjordanisches Gebirge: Charachmoba, Aia, Tharais, Zared [3].

Abb. 106: Ostjordanisches Gebirge und Ostufer des Toten Meeres: Aia, Tharais [3].

Abb. 107: Ostjordanisches Gebirge: Tharais, Zared, Lot-Kirche [3/4].

Abb. 108: Mittelteil und Westufer des Toten Meeres (Platte): südl. Schiff [3/8].

Abb. 109: Mittelteil und Westufer des Toten Meeres: südl. Schiff [3/8].

Abb. 110: Südteil des Toten Meeres und *Ġōr eṣ-Ṣāfī:* südl. Schiff, Zoora, Lot-Kirche [3/4].

Abb. 111: Mittelpalästinisches Gebirge: zwischen Neapolis und Jerusalem [6/7].

Abb. 112: Mittelpalästinisches Gebirge, Hügelland und Küstenebene: Jerusalem und Umgebung, Diospolis, Nikopolis [7].

Abb. 113: Mittelpalästinisches Gebirge: Jerusalem, Bethlehem, Nikopolis, Diospolis, Jamnia, Akkaron [7/8].

Abb. 114: Küstenebene (Platte): Diospolis, Jona-Kirche, Jamnia, Akkaron, Asdod, Azotos Paralos, Mittel-meer [7/8].

Abb. 115: Küstenebene: Diospolis, Jona-Kirche, Gath, Mittelmeer [7].

Abb. 116: Küstenebene: Jammia, Gath, Asdod, Azotos Paralos, Mittelmeer [7/8].

150

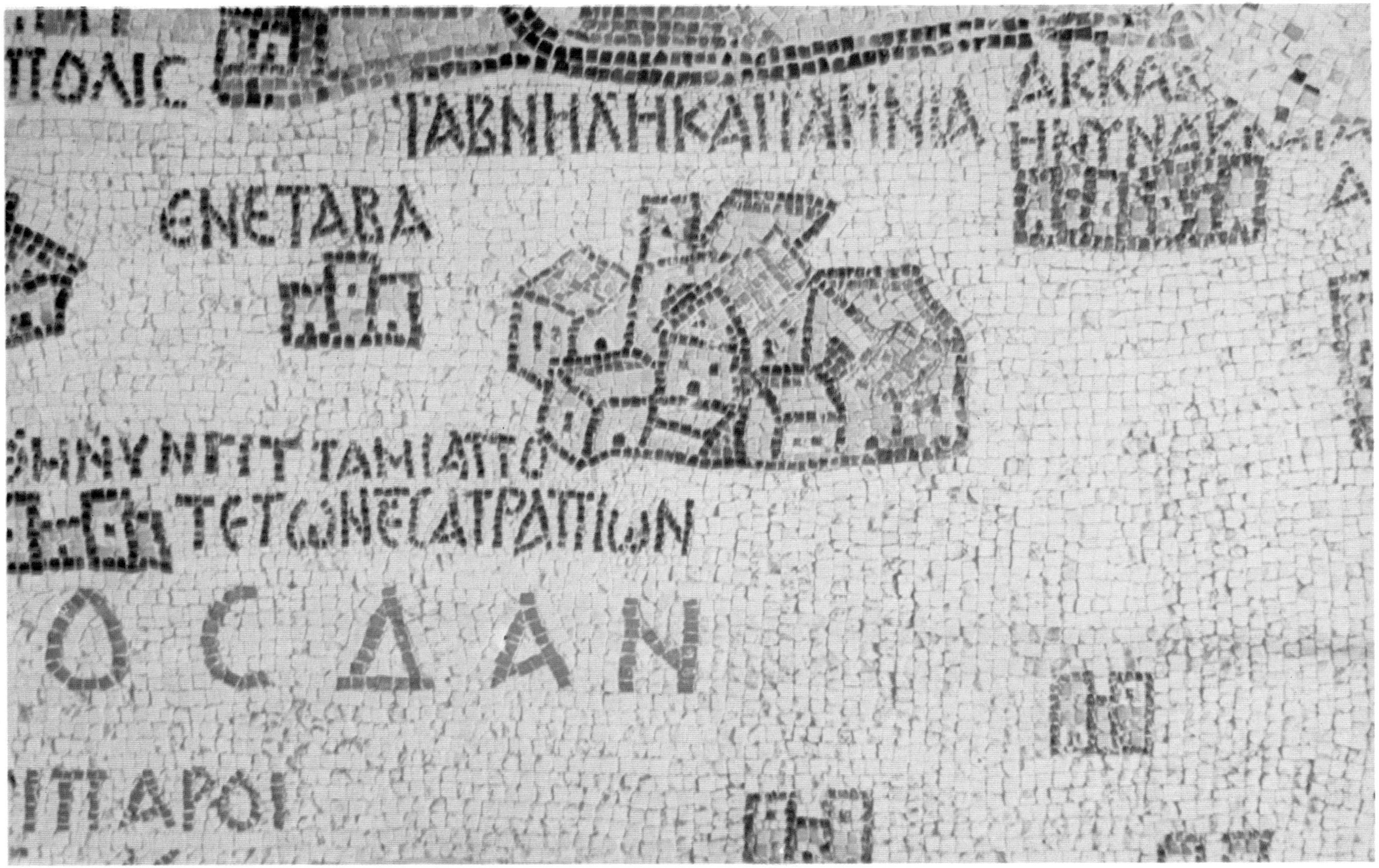

Abb. 117: Küstenebene: Jamnia, Gath, Akkaron [7/8].

151

Abb. 118: Südpalästinisches Gebirge, Hügelland und Küstenebene: Thekoa, Mamre, Hebron, Bethzachar, Morasthi, Akkaron, Asdod, Eleutheropolis [8].

Abb. 119: Küstenebene: Askalon [8].

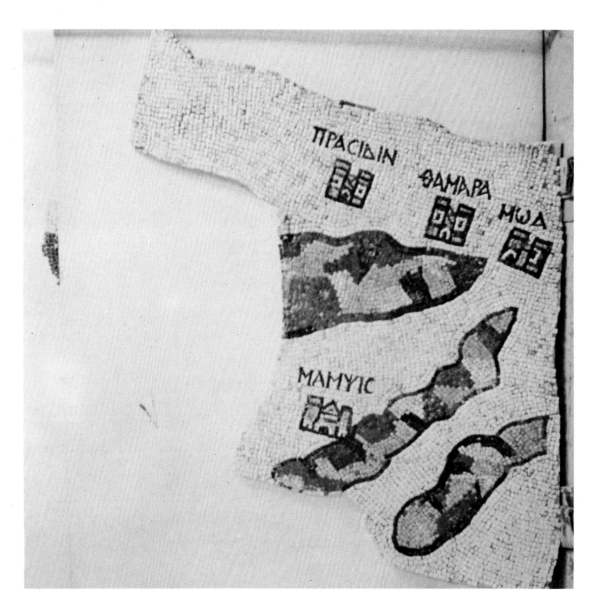

Abb. 120: Negev (Platte): Prasidin, Thamara, Moa, Mampsis [4/9].

154

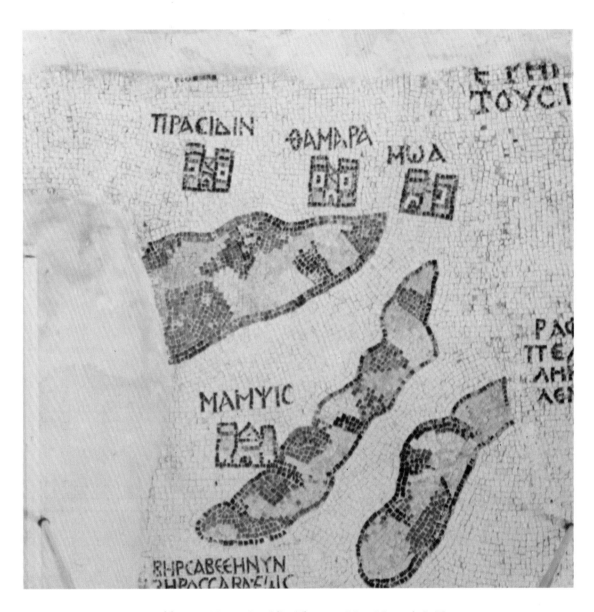

Abb. 121: Negev: Prasidin, Thamara, Moa, Mampsis [4/9].

Abb. 122: Bucht von Beerseba und Küstenebene (Platte): Beerseba, Gerara, Stammesgebiet von Simeon, Gaza und Umgebung, Mittelmeer [9].

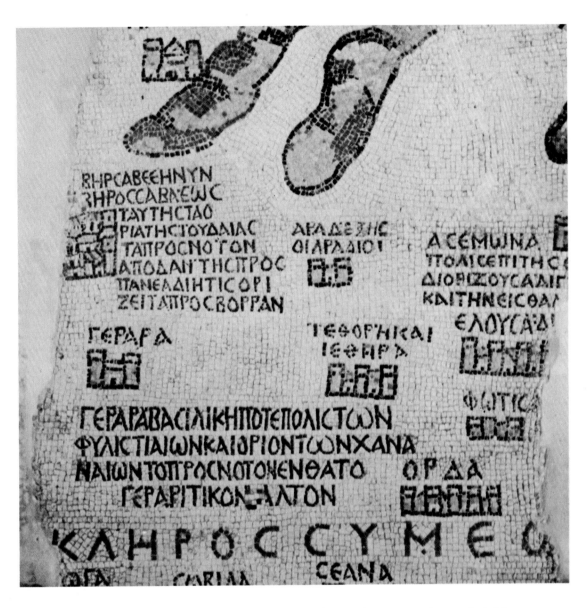

Abb. 123: Bucht von Beerseba: Mampsis, Beerseba, Arad, Asemona, Gerara, Orda [9].

Abb. 124: Küstenebene: Gaza und Umgebung, Mittelmeer [9].

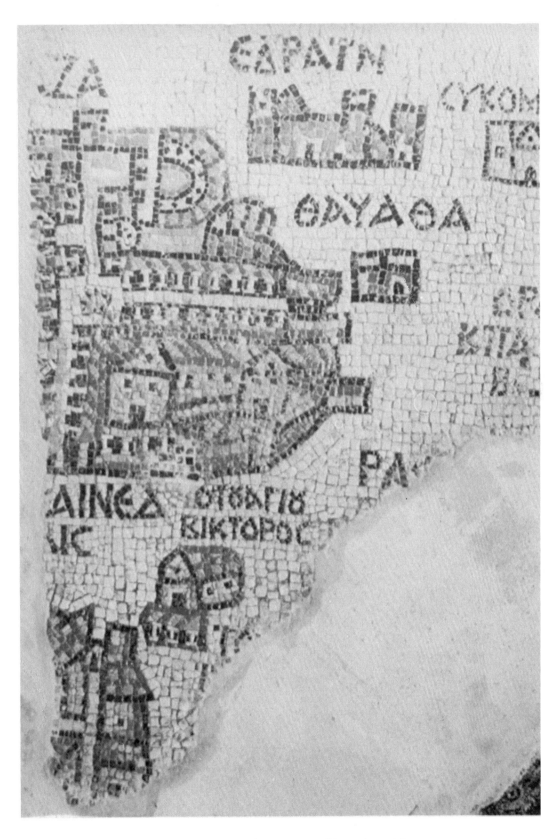

Abb. 125: Küstenebene: Gaza und Umgebung [9].

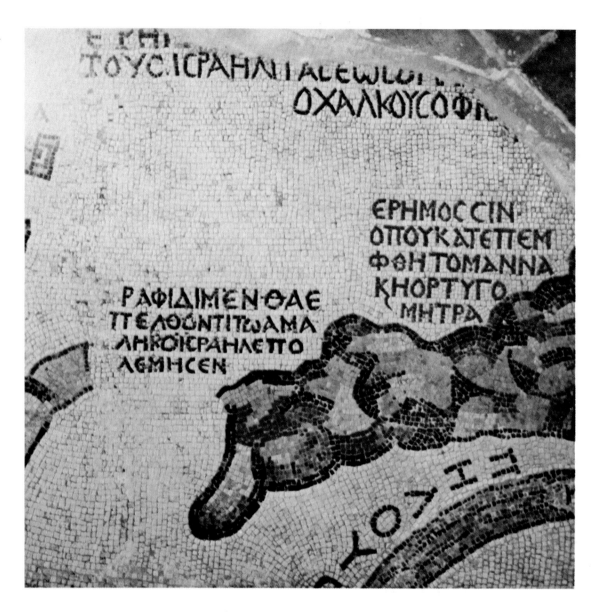

Abb. 126: Isthmuswüste: Raphidim, Wüste Sin, Pelusischer Nilarm [4/5/9/10].

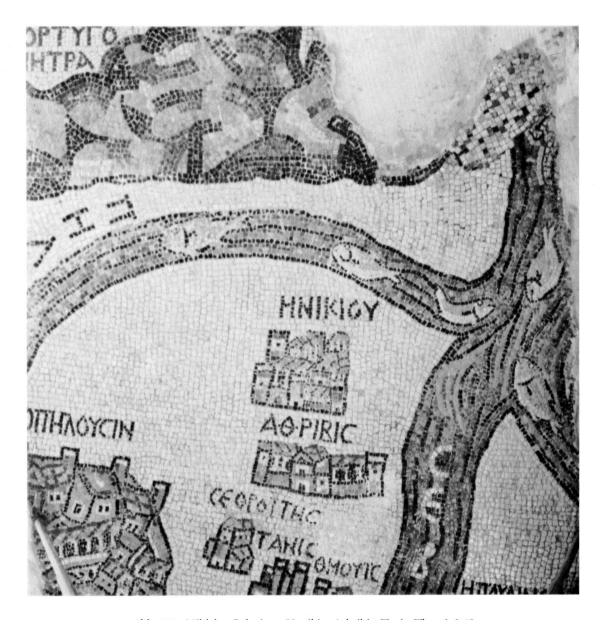

Abb. 127: Nildelta: Pelusium, Henikiu, Athribis, Tanis, Thmuis [10].

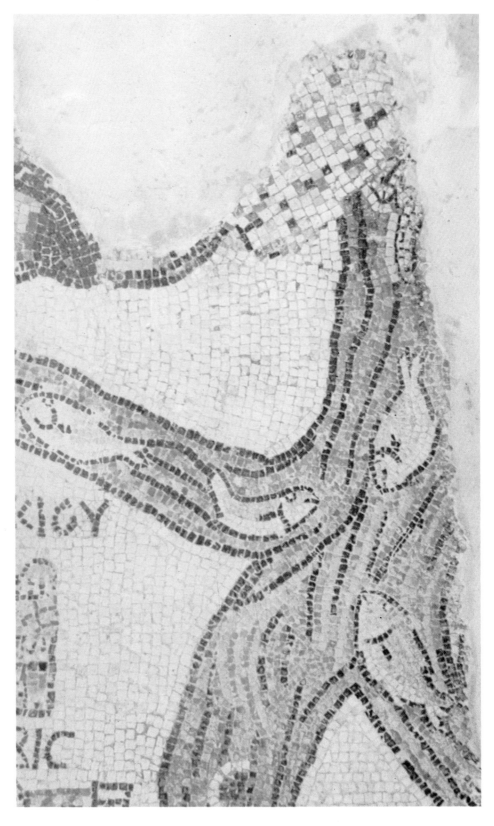

Abb. 128: Nildelta: Südspitze [10].

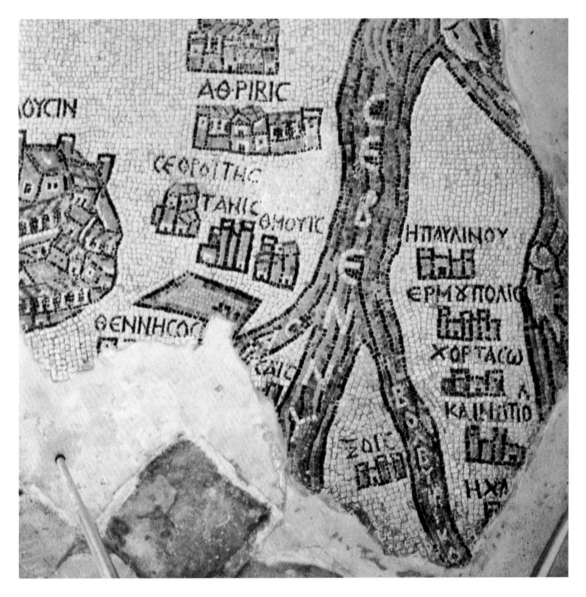

Abb. 129: Östliches und mittleres Nildelta: Pelusium, Athribis, Tanis, Thmuis, Sais, Xois, Hermopolis, Chortaso [10].

Abb. 130: Galiläa: Fragment B unterer Teil (vor der Hebung).

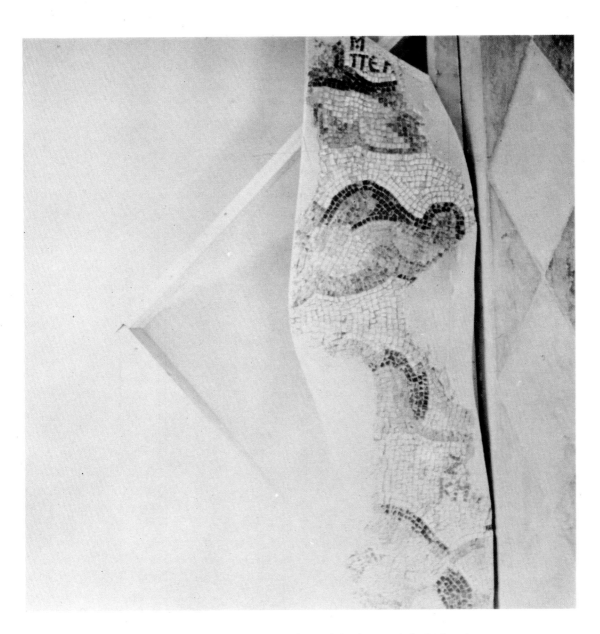

Abb. 131: Galiläa: Fragment B oberer Teil (Platte nach der Hebung).

Konkordanz

zwischen P. Palmer – H. Guthe, Die Mosaikkarte von Madeba. I. Tafeln (Leipzig 1906) und H. Donner – H. Cüppers, Die Mosaikkarte von Madeba. Teil I: Tafelband (Wiesbaden 1977)

(Ortsnamen in Auswahl)

Tafeln bei Palmer – Guthe	Ältere Aufnahmen (A)	Vor der Restaurierung 1965 (B)	Nach der Restaurierung 1965 (C)
[1]	XVa, XVIa		95
Ainon		6, 45	97
Koreus		45	97
Archelais		11, 13,14, 45 — 47	97 — 99
Galgala	} XVIII	9, 11 —— 14, 46,47, 91,92	98, 99
Jericho	} XVIII	12 — 14, 46,47, 92	98, 99
Sapsaphas		9,10, 46, 93	98 — 100
Bethabara		9, 12, 46,47, 92	98 — 100
[2]	XVIb, XVIII	6, 48	95
Sapsaphas		9,10, 46, 93	98, 102
Bethabara	} XVa	9, 12,14, 46,47, 92	96, 98, 100, 102
Bethagla	} XVa	9, 12,14, 46,47	96, 98, 102
Kallirrhoë	XVb	15,16, 49	101, 102
[3]	XVIc + d		95
Charachmoba		17, 53,54	104, 105
Betomarsea		17, 53,54, 56	104, 105
Aia		17,18, 52,53, 55 — 57	104 — 106
Tharais		17,18, 53, 55,56	104 ——— 107
Zared		53, 55, 58,59	104, 105, 107

Tafeln bei Palmer – Guthe	Ältere Aufnahmen (A)	Vor der Restaurierung 1965 (B)	Nach der Restaurierung 1965 (C)
[4]			
Lot-Kirche			
Zoora	} XVIc, d	21, 59, 64	} 110
Prasidin			
Thamara	XVIg	80	} 120, 121
Moa			
[5]	XVIg, i	39, 41, 42, 81, 82	126
[6]	XVIa, b, e, XVIII	5, 6	95
Elisa-Quelle		11, 13, 14, 46, 47, 92	96, 98, 99, 111
Akrabim		13, 14, 47, 65	97
Neapolis	XIVa	13, 22, 47, 65	111
Sichem		14, 22, 23, 47, 65, 66	96, 111
Rama		22, 23, 47, 66, 67	96, 111
Theraspis		22, 24, 25, 67	96, 111
[7]	XVIe	5, 6, 14, 24, 47, 68	95
Bethel	} XVIb, XVII, XVIII	5, 6, 14, 22 — 24, 47, 66 — 68	96, 111
Gophna			96, 111
Jerusalem	VI–XIIIb	5, 6, 22, 24 — 26, 29, 47, 66 — 72	96, 111 — 113	70
Bethlehem	XVIb, f, XVIII	6, 27, 33, 68, 72	96, 113
Rama	} XVIf, XVIII	6, 26, 27,	96, 113
Nikopolis		6, 24, 26, 27, 31, 68, 71 — 73	96, 112, 113
Diospolis	XVII, XVIII	6, 25 — 28, 68, 71	96, 112 — 115
Jamnia		6, 26, 30, 31, 34, 73	96, 113, 114, 116, 117
Gath	} XVIf	25, 27, 28, 31, 68, 71, 73	96, 114 — 117
Jona-Heiligtum		28, 74	114, 115

168

[8]

Place	Code					
Thekoa	XVIc	6,	33, 34,	75, 76	96,	118
Mamre			33,	75, 76	96,	118
Bethzur		6,	33, 34,	75, 76	96,	118
Socho		6, 29,	33, 34,	75, 76	96, 113	118
Bethzachar		6, 29	33, 34,	75, 76	96,	118
Morasthi	XVIf		33,	75 — 77	96,	118
Akkaron		6,	31,	34,	73, 75	96, 113, 114, 117, 118
Asdod			31,	34,	75	96, 114, 116, 118
Azotos Paralos			31, 32,		78	114, 116
Askalon				35	79	95 119

[9]

7, 8

Place	Code				
Mampsis	XVI g	36,		80	120, 121, 123
Raphidim	XVI g	36,	39, 40,	80, 81, 86	121, 126
Beerseba	XIVb, XVIg, h	36, 37,		83, 94	122, 123
Arad	XIVb, XVIg	36, 37,		83, 94	122, 123
Gerara	XIVb, XVIg, h	37,		83, 94	122, 123
Elusa	XIVb, XVIg, h	36, 37,	40,	83, 86	122, 123
Orda	XIVb, XVIg, h	37,		83	122, 123
Gaza	XIVb, XVIg, h	38,		84, 85	122, 124
Rhinocorura	XVI h	38,		84, 85	122, 124
Raphia	XVI h	38,		84, 85	122, 124, 125

[10]

8

Place	Code			
Raphidim	XVIi	39 — 41,	81, 82, 86	126
Henikiu		42,	87, 88	127 — 129
Pelusium		40,	86, 88	127, 129
Tanis			88	127, 129
Thennesos			88	129
Xois			89	129
Sais			89	129
Hermopolis			89	129